당신의
그 미소가
좋아서

당신의 그 미소가 좋아서

초판 1쇄 인쇄 _ 2019년 1월 2일
초판 1쇄 발행 _ 2019년 1월 10일

지은이 _ 정믿음

펴낸곳 _ 바이북스
펴낸이 _ 윤옥초
책임 편집 _ 김태윤
책임 디자인 _ 이민영

ISBN _ 979-11-5877-076-1 03980

등록 _ 2005. 7. 12 | 제313-2005-000148호

서울시 영등포구 선유로49길 23 아이에스비즈타워2차 1005호
편집 02)333-0812 | 마케팅 02)333-9918 | 팩스 02)333-9960
이메일 postmaster@bybooks.co.kr
홈페이지 www.bybooks.co.kr

304일간 29개국을 방랑한 청년 식객 이야기

당신의
그 미소가
좋아서

정믿음 지음

바이북스
ByBooks

안 되는 줄 알면서도 하는 사람

2017년 나는 청년 정믿음을 시베리아 횡단열차에서 만났다. 믿음이도 나도 각자의 여행을 이제 막 시작하고 있을 무렵이었다. 7박 8일 동안 달리는 시베리아 횡단열차처럼 같은 목적지를 향해 동행하다가 헤어졌다는, 어찌 보면 1줄로 정리되는 짧은 인연이다. 나는 인간 정믿음의 진면목을 잘 모른다. 믿음이가 살아온 그 긴 시간 중에서 내가 공유했던 시간은 아주 극히 일부분일 뿐이다.

그러기에 믿음이가 펴내는 첫 책의 추천사를 수락한 이후로 나름 고민이 많았다. 선뜻 글이 써지지 않았던 것은 내가 인간 정믿음에 대해서 얼마나 제대로 알고 있는가라는 염려가 동시에 들었기 때문이다. 비록 짧았던 시간일지라도, 믿음이와 함께 보낸 시기의 밀도를 믿고 추천의 글을 쓰려고 한다. 믿음이를 처음 만나서 동행했던 그 짧은 시기는 믿음이나 나 둘 다에게 용기가 필요한 시기였다. 가장 용기가 필요한 시

기는 역설적으로 가장 두려움이 밀려오는 시기라는 뜻이기도 하다. 여행의 설렘과 동시에 미래에 대한 두려움이 공존하던 시기에 날것 그대로의 믿음이를 나는 보았다.

사실 나는 여행 전에 믿음이를 블로그를 통해서 알고 있었다. 믿음이의 성격처럼 꼼꼼했던 블로그의 설명을 따라하면서, 나는 시베리아 열차를 쉽게 예매할 수 있었다. 그러다가 믿음이의 여행 각오가 담긴 글을 읽게 되면서, 열심히 도전하는 모습이 기특하다는 생각을 했었다. 매력적인 이성에게 데이트 신청은 해봤지만, 오히려 멋진 동성에게 친하게 지내고 싶다는 이야기를 죽어도 못했던 성격인지라, 그간의 나를 극복하고자 하는 노력으로 믿음이를 만나는 시도를 했던 것인데, 그때 만난 믿음이의 날것 그대로의 고민 많은 모습은 훨씬 멋졌었다.

내가 기억하는 믿음이의 가장 멋있는 모습은 자신에게 가장 중요한 것을 제대로 기억하고 있는 것이었다. "미래는 잘 모르겠어요. 어떻겠든 되겠죠. 최대한 열심히 돌아다니겠지만, 뭐, 여행하다가 안 되면 한국으로 돌아오면 돼요. 저는 친구도 있고, 돌아갈 가족이 있으니까요. 그리고 다시 하면 되죠." 나는 이 말이 참 마음에 들었다. 돌아갈 가족이 있다는 말. 적어도 도전이라는 말 자체에 현혹되지는 않는 사람이겠구나.

《논어》에 다음과 같은 일화가 나온다. 공자의 제자 자로에게 문지기가 자로에게 물었다. "행색을 보아하니 배우는 사람인데, 어디서 왔습니까?" "공씨 문하에서 왔습니다." 문지기가 말했다. "그 안 되는 줄 알면서도 무엇이든 해보려고 하는 사람 말이지요."

당신의 그 미소가 좋아서

　내가 기억하는 믿음이는 안 되는 줄 알면서도 무엇이든 해보려고 하는 사람이다. 그래서 믿음이를 알게 된 지금, 믿음이가 해보려는 것을 더욱 응원하고 싶다. 나는 12년간 고등학교에서 아이들을 가르쳤었다. 그때 학생들에게 유명한 사람과 친해질 수 있는 가장 좋은 방법은 "유명한 사람이 유명해지기 전에 친해지는 것이다"라고 말했었다. 나는 어쩌면 아이들에게 했던 이 말을 자연스럽게 실천하고 있는 셈이다. 청년 방랑 식객 정믿음은 아주 유명해질 사람이다. 이 녀석이 아주 아주 유명해지기 전에 알고 지내게 되어서 영광이다. 이 글의 독자들도 나와 같은 행운을 누릴 수 있게 되기를 바라며….

유성호(전 하나고등학교 교사, 현 대성학원 강사)

미역국은 기본 제공 음식입니다

"야, 대가리, 너 걸을 수는 있냐?"

거울 보는 게 세상에서 제일 싫었다. 머리가 크고 이성이란 게 생기면서 나는 한 가지 깨달았다. 친구들이 버릇처럼 내게 하던 말들이 나를 깔보고 욕하는 것이었다는 사실을. 거울 속 내 모습은 왜소했고 몸에 비해 얼굴은 컸다.

그런 내 모습이 정말 싫었고 그때부터 사람을 대면하기가 두려워졌다. 모두가 나를 보면 수근거리고 조롱할 거 같은 강박에 휩싸였다. 나는 자연스레 홀로 보내는 시간이 많아졌고 그래서 어릴 적 친구가 거의 없다.

초등학교 6학년 때였다. 할머니가 나를 돌봐주러 집에 오셨고 마침 그날이 할머니의 생신이셨다. 평소 나를 아껴주시던 할머니를 위해 무언가를 선물하고 싶었다. 하루 용돈이 300원이었던 나는 당시 유행하

던 1,800원짜리 콜팝을 먹기 위해 모아뒀던 동전을 꺼내 슈퍼로 향했다. 그리고 엄마가 생일이면 끓여주셨던 미역국을 떠올리며 미역 한 봉지를 집어 들었다.

무턱 대고 미역은 사왔는데 초등학생이었던 나는 미역과 물을 얼마나 넣고 만들어야 할지 가늠을 할 수 없었다.

"1봉지가 1인분이겠지?"

별 생각 없이 미역 1봉지 전부를 넣고 국을 끓였다. 결과는 참담했다. 미역은 삽시간에 불어났고 냄비 밖으로 역류했다. 그렇게 엉망진창인 미역국이 완성됐고 칭찬은커녕 할머니에게 혼날 줄 알았는데 뜻밖의 일이 일어났다.

할머니가 너무나도 행복한 미소를 지으며 무덤 같은 미역국을 맛있게 드셔주셨다. 평소 내향적이고 소심한 나이기에 누군가의 긍정적인

중학교 시절 에드워드권과 함께

반응을 이끌어낸다는 건 난생 처음 겪는 일이었다. 그날 이후 할머니는
치매를 앓으시며 기억을 조금씩 잃어가셨는데 그 와중에도 명절에 나
를 보실 때마다 우리 손자가 미역국을 끓여줬다는 자랑은 빼놓지 않으
셨다.

　나의 요리로 누군가에게 평생 잊을 수 없는 행복한 기억을 선물할
수 있다는 것은 내게 정말 인상적으로 와 닿았다.
　그때 그 미소를 잊을 수 없어 나는 요리를 시작했다.

　'당신의 그 미소가 좋아서'

　"저는 당신이 미소 지을 때 가장 행복해요."

믿식당 CHOICE MENU

행복한 미소를 찾아 304일간 29개국을 방랑한 청년 식객의 '믿식당'이 드디어 오픈합니다.
취향에 따라 메뉴를 선택해주세요.

Main 1_

2

용기 내서 다시 한번 시베리아 횡단열차, 산티아고 순례길

Main 2_

돌아오지 않는 이 순간을 위하여 아프리카, 인도 & 네팔

도전이 끝난 뒤의 나는 두 번째 여행이 끝난 후 1년간의 삶

사실 아직도 미칠 듯이 두렵지만
당신이 지어줄 미소를 생각하며 용기를 내본다.

처음이라서

100일간의
첫 해외여행과
그 후의 현실

성공하지 못한 도전은 오직 내 기억 속 잔재일 뿐 그래서 나만 기억하는 이야기가 있다.

사실 나는 경희대생이 될 뻔했다. 대학 조리과 중 역사가 깊고 인서울이라는 간판 때문인지 경희대는 항상 모두의 로망이었다. 모두가 인정하니 나도 가고 싶어졌다. 그래서 궁금한 마음에 2011년 7월 26일 열아홉 살의 나는 무작정 학교에 찾아갔다. 수첩에 펜 하나 들고 학교 이곳저곳을 기웃거렸다. 그리고 내가 가장 궁금해하던 그곳, 실습실 앞에 멈춰 섰다.

한참을 염탐하다 교수님과 눈이 마주쳤다. 도둑이라도 된 양 재빨리 눈을 피했는데 교수님은 똘망똘망한 눈빛으로 실습실을 훔쳐보던 학생이 귀여웠던 걸까? 실습을 잠시 멈추고 내게 와 몇 가지를 물은 뒤 실습실 안으로 나를 불러들였고 모두에게 소개했다.

"경희대를 꿈꾸는 귀여운 친구예요. 오늘 하루 경희대생을 만들어줍시다."

당시 내게는 꿈같은 일이었다. 꿈꾸던 학교에서 일일 실습 체험이라니 노력으로 얻은 작은 성과였고 학교에 대한 꿈은 더 커졌다.

그러나 입시 결과 나는 최종 면접에서 떨어졌다. 모든 꿈이 무너지는 기분이었다. 하지만 지금이 돼서야 돌아보니 그때가 시작이었던 것 같다.

"내 열정을 누군가는 알아준다는 것, 그래서 계속

자격증 6개 획득

도전할 수 있었다는 것. 어쩌면 그때의 결핍이 지금의 나를 만들지 않았을까?"

그런데 영원할 것 같은 마음으로 뜨겁게 시작했으나 나도 모르게 찾아오는 권태기처럼 일정 시간이 다하면 결국 식어버리기 마련이다. 요리를 공부한 지 4년이 되던 해 내게도 슬럼프이자 권태기가 찾아왔다. 티 없이 맑고 아름다워만 보였던 요리의 첫인상과는 달리, 그 내면은 억척스럽고 깐깐하며 이기적이었다. 주 6회, 하루 열두 시간 이상을 전쟁터 같은 주방에서 함께해야 했다. 요리와 함께하는 게 싫지는 않았으나 나 혼자만의 시간을 갖기 어려웠다.

이러한 요리의 현실은 주변 친구들만 봐도 알 수 있었다. 부푼 꿈을 가지고 조리 학교나 조리과에 진학했지만 결국 졸업 후 요리를 전업으로 삼는 사람은 어림잡아 20퍼센트도 채 되지 않았다. 사랑(열정)만으로는 한계가 있는 게 바로 요리였다.

최근 사람들은 TV나 매스컴에 비춰지는 스타 셰프들의 윤택한 삶을 동경하며 요리를 시작한다. 하지만 곧 현실을 마주하고 쉽게 포기한다. 어느 분야든 마찬가지겠지만 최고의 자리에 앉아 윤택한 삶을 누리는 것은 0.1퍼센트도 안 되는 극소수이다. 극소수가 되는 과정은 매우 힘들고 어느 정도의 운도 따라야 한다.

내가 요리를 시작한 이유가 윤택한 삶은 아니었지만 주변의 시선이 나도 그렇게 돼야만 하게 만들었다. 정해진 코스대로 하지 않으면 주변에서는 나를 인정해주지 않았으니까. 인정을 받으려면 그에 맞는 행동을 해야 했다.

학교 성적, 자격증, 대회 나도 어느샌가 허울 가득한 스펙 쌓기에 목매고 있었다. 하지만 부모님을 잘 만나서 단 시간에 나를 뛰어 넘는 금수저들, 싹싹한 성격으로 선배와 선생님을 사로잡아 내게 틈도 내어주지 않는 재빠른 친구들 그리고 점점 본질을 잃어가는 나에 대한 회의감까지 현실을 마주하면 마주할수록 이 길은 내 길이 아닌 것 같다는 생각이 들었다.

"더 이상 요리를 하고 싶지 않아졌다."

극심한 우울함 속에 현실을 부정하며 과거를 돌아보던 중 어린 시절 무심코 뱉었던 한마디가 떠올랐다.

"엄마, 나는 어른이 되면 세계를 여행하며 요리할 거야. 그리고 만난 친구들에게 내 요리로 행복한 미소를 선물할 거야."

'그래, 이거다'라는 생각이 들었다. 내가 요리를 시작한 이유, 진정한 나를 발견하기 위한 도전을 시작해보는 거야! 어린 시절 꿈꿔왔던

요리 대회의 모습

20대의 모습이 지금의 내가 아니기에, 상상은 상상일 뿐 행동하지 않으면 시간은 절대 해결해주지 않으니까.

"가슴이 뛰는 지금, 지금 해보자!"

사실 굳은 결정을 하고도 매일 두려움이 앞섰다. 나는 지극히도 평범한 사람이니까. 누구보다 요리를 잘하지도, 외향적인 성격도, 외국어 능력자도, 그렇다고 금수저 집안은 더더욱 아니었으니까. 하지만 그래서 더 잃을 것도 없었고 이제 더는 미루기 싫었다. 간절한 마음으로 진심을 다해 도전했다.

23년의 나를 내려놓고 어릴 적 꿈 하나를 바라보며 여행을 준비했다.

그리고 한국인을 대면하는 것조차 두려워하던 내가 드디어 내일 세계를 향한 첫발을 내딛는다. 사실 아직도 미칠 듯이 두렵지만 당신이 지어줄 미소를 생각하며 용기를 내본다.

01

인생 첫 술

솔직히 모든 걸 놨다. 해외 경험 한 번 없는 내가 100일간의 계획을
세운다는 것은 불가능에 가까웠다. 남자 인생에 가장 마음 편한 시간이
라는 군대 말년 휴가도 여행 걱정에 하루도 마음 편한 적이 없었다.

'한 번뿐인 청춘을 즐기러 떠나는 여행인데 출발 전부터 이렇게 스
트레스를 받아야 하나?'

요리 여행이라는 타이틀을 내건 만큼 짜임새 있는 여행을 계획하고
싶었으나 여행에 무지한 내게는 너무 가혹했다. 그래서 결국 계획하기
를 포기했다. 그렇게 쿨한 듯 내심 불안한 마음을 여전히 남겨둔 채로
디데이를 맞이했다. 현관 앞 거울 앞에 쭈그려 앉아 앞으로의 100일을
그려보았다.

'나는 어떤 여행을 하고 있을까? 과연 내가 상상하던 그 여행일까?'

상상 속에 빠진 나는 한 시간쯤 지났을까 다리를 절며 일어났다. 그
리고 어깨에 배낭을 단단히 부여 매고, 운동화 끈을 질끈 졸라맸다. 마

인생 첫 출국 직전

지막으로 휘날리는 태극기를 배낭에 꽂은 채 거울 속의 나를 기억하며 그렇게 집을 나섰다.

저녁 비행기인 나는 아침 일찍 공항 리무진에 올랐다. 점심쯤 됐을까? 나는 공항에 도착했다. 누나가 어학연수 마치고 돌아올 때를 제외하고 처음 와본 인천국제공항. 항상 텔레비전으로만 봤던 입출국 게이트도 보였다.

이제는 그곳을 내가 드나들 차례다. 가슴이 설레어왔다.

고등학교 단짝 친구 석호와 공항에서 반나절의 가까운 시간을 보냈다. 그래도 출발이 혼자가 아니라는 게 조금이나마 위안이 됐다. 출발 시간이 다가오고 나는 여유롭게 수하물을 부친 뒤 친구와 마지막 담소를 나눴다.

"군대 가는 것보다 더 떨린다."

아무도 의지할 곳 없는 자유 의지와 함께 내가 결단해야 하는 책임감 가득한 그곳으로 떠난다. 무언의 압박이 설렘을 가리고 출발 시간이 다가올수록 긴장되기 시작했다.

친구가 떠나고 18시 40분쯤 출국 심사대에 들어섰다. 수하물도 부치고 나름 여유 있다고 생각했다. 그때 당시에는 말이다. 줄이 출국 심사대 안까지 빽빽했다. 조금씩 불안해졌다. 나의 보딩 타임은 19시 25분. 그런데 출국 심사대를 통과하는 순간은 19시 15분이었다. 아직 10분의 여유가 있었지만 "아뿔싸!" 내 비행기는 공항 열차를 타고 한 정거장 이동해야 하는 거리였다.

당신의 그 미소가 좋아서

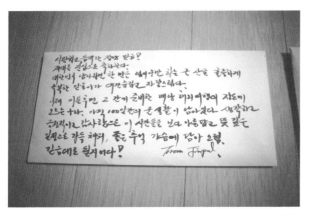

사전 조사를 안 한 건 아니지만 공항에 게이트가 그렇게 많을 줄 몰랐고, 별도의 열차를 타고 이동해야 하는 거리일 줄은 또 몰랐다. 처음이어서 일찍 공항에 온 것도 부질없는 순간이었다.

나는 겉옷을 벗어 던졌다. 그리고 이 악물고 뛰었다. 19시 21분쯤 열차가 탑승 장소에 도착했다. 안내원이 여기서 적어도 5분 이상은 가야 한다고 했다. 나는 바로 열차에 탑승했다. 열차에서 내려서 3층 탑승 게이트까지 죽어라 뛰어야 19시 27분이었다.

머릿속이 하얘졌다. 2년 동안 상상하고 그려왔던 그림이 한순간의 방심으로 사라져버릴 위기였다. 내 등줄기에서는 땀이 한두 방울씩 떨어지기 시작했다.

그러자 나는 기도했다.

"제발 아직 시작도 안 했는데 이 비행기 놓치면 내 여행은… 내 2년 간의 그림은…."

기도와 동시에 무의식적으로 원망도 시작됐다.

"왜 매일 나한테만 이러는 거야, 왜 나한테만…."

열차가 탑승 게이트에 도착했다. 지푸라기라도 잡는 심정으로 3층 까지 미친 듯이 뛰었다. 수많은 인파를 뚫고 들어가 티켓을 내밀며 말 했다.

"비행기 아직 탈 수 있나요?"

그는 고개를 끄덕였다. 아직 탑승 중이고 관제 센터의 지시로 한 시 간 연착됐다고 했다. 그 말을 듣는 순간 긴장은 풀렸고 나의 회색 반팔 티셔츠는 흠뻑 젖어 검게 물들었다.

스무 살, 고삐 풀린 망아지처럼 뭣 모르고 술을 마셨다가 크게 데였 을 때처럼 여행은 내게 자극적이고 강렬한 첫인상을 남겼다. 그래도 그 기억이 큰 교훈이 되어 여행 중 일어날 수 있는 더 큰 사고들을 예방했 다고 생각한다.

'항상 누구도 믿지 말고, 나도 믿지 말며, 체크 또 크로스 체크하자!'

무사히 비행기에 탑승해 창가를 바라보는데 이런 생각이 들었다.

'하나님은 나를 또 깨뜨려 쓰시는구나. 나를 더 단단히 하시려고 시 작부터 단련하시는구나. 이번 여행 방심하지 않고 마음 굳게 먹겠습니

다. 많은 것을 배우고 깨우쳐 돌아오겠습니다.'

그렇게 나는 세계로의 첫 발걸음을 내딛었다.

첫 술 = 첫 여행

24년을 기다려온 순간이었는데 달콤함은 잠시, 쓰디쓴 신고식을 한다. 그리고 다시는 안 먹겠다고 그렇게 다짐했는데 나는 어느새 또 여행을 마시고 있다.

02

미지근한 맥주

그날로 사흘째였다.

낯선 세계에 대한 두려움과 어릴 적 사람에 대한 강박의 출현으로 여전히 방문 앞만 서성이고 있었다. 무언가 나를 붙들고 놓지 않는 것처럼 이성은 밖으로 나가 어떻게든 부딪혀보라는데 정작 몸이 반응하지 않았다.

첫 여행부터 괜한 오기로 한국인이 거의 없는 오지에 숙소를 잡은 탓일까? 나와는 다른 피부 색, 언어, 행동을 하는 모든 것들이 낯설고 두려웠다.

'그들이 나를 싫어하고 해코지하면 어떡하지? 몰래 뒤에서 나를 험담하면 어떡하지?'

내게는 그 상황을 벗어날 방도가 없었다. 내가 할 수 있는 건 그저 축축한 침대에 누워 창살 없는 대나무 사이로 들려오는 소리를 의식하는 것 그리고 나와의 끝없는 눈치 게임뿐이었다. 아직 진짜 여행은 시

사흘간 갇혀 지내던 창살 없는 방 창문

작도 안 했는데, 이제 겨우 3일차일 뿐인데, 이럴 바엔 차라리 한국으로 돌아가고 싶었다.

하지만 2년 동안 계획해온 일이고 당당히 이루고 오리라 선포까지 했는데 다시 돌아갈 용기조차 내겐 없었다.

오른쪽 _ 산미구엘과 기타 연주

아래 _ 여행 요리 첫 개시

어스름 해진 오후 6시쯤 됐을까 밖에서 오늘도 어김없이 잔잔한 기타 소리와 함께 한 자락의 노래 선율이 들려왔다. 영어도 아닌 필리핀 타갈로그어여서 그 뜻을 더욱 이해할 수 없었지만 그 노랫소리는 분명 청아하고 아름다웠다. 나도 모르게 음악에 심취했고 그 소리의 근원을 찾아 방문을 살짝 열었다 그리고 문틈 사이로 빼꼼히 밖을 내다보았다.

기타를 치는 친구와 눈이 마주쳤고 여느 날과는 다르게 그는 내게 오라고 적극적으로 손짓했다. 사흘간 지칠 대로 지쳤고 먼저 손을 내밀어주니 거절할 이유가 없었다. 그는 호스트인 조나단의 친구 로이였다. 그는 나를 가까이 앉히고서는 다짜고짜 노래를 불러줬다. 그러고 그는 마치 나를 사흘 동안 지켜봤던 사람인 것처럼 내게 말했다.

"친구, 두려워하지 마. 우린 모두 친구잖아. 국적이나 나이는 달라도 그냥 같이 이렇게 즐기면 되는 거야. 음악이 그렇잖아. 가사의 뜻을 이해하진 못해도 그 선율과 느낌으로 그 곡을 이해하고 느낄 수 있듯, 우리는 다른 국적이기 전에 같은 사람이고 가슴으로 느끼고 서로 통할 수 있어. 진심으로 다가가면 누구도 너를 싫어하지 않을 거야."

로이의 그 한마디는 움츠렸던 나를 녹였다. 로이는 한국을 좋아했고 나와 통하는 게 많았다. 특히 로이와 나는 맥주를 사랑했다. 로이는 필리핀 맥주 맛을 보여주겠다며 숙소 앞 슈퍼에서 산미구엘 두 병을 사왔고 내게 한 병을 건넸다. 냉장 시설이 잘 갖춰져 있지 않은 간이 슈퍼여서 맥주는 정말 미지근했다. 그래도 그의 성의를 무시할 수 없어 나는 별 말없이 맥주를 들이켰다. 평소 시원하지 않은 맥주는 사절이었는데 그 맛은 기대 이상이었다.

시원할 때 느낄 수 없었던 보리의 풍부하고 진한 향이 코끝부터 입속 깊은 곳까지 가득 매었고, 로이의 기타 연주와 노래의 선율은 나의 흥을 돋웠다. 미지근한 맥주 한 모금과 함께 사흘 동안 나를 붙잡았던 강박은 눈 녹듯 흘러내렸다. 기분이 좋아졌다. 용기란 게 다시 꿈틀거렸다.

'그래 옛날에도 그랬듯 내가 마음의 문을 닫으면 그 사람은 오히려 자기를 싫어하는 줄 알고 다가오기 힘들어 했어. 내가 먼저 마음을 열어야 그가 다가올 여지가 생긴단 말이야. 두려워 말자. 마음을 열자!'

이튿날, 로이와 게스트 친구들을 위해 나의 여행 첫 요리 비빔밥을 개시했다. 그리고 마침내 볼 수 있었다.

내가 기다리던 행복해하는 '그 미소'. 그래, 내 여행은 이제 진짜 시작이다.

음악 그리고 여행은 요리와 닮았다.
나이, 언어, 성별, 국적은 상관없다.
그냥 그 자체를 받아들이고 즐기면 된다.

여행 중 처음 둘러맨 앞치마

03

노력한 만큼 행복할 수 있다

처음의 무게는 생각보다 크다. 첫 여행인 만큼 더 많은 것들을 경험해보고 싶었지만 그만큼 두려움이 앞섰다. 한국에서조차 숫기 없는 내가 외국인 친구를 사귈 수 있을까? 과연 그 속에 잘 녹아들 수 있을까? 나는 내가 가장 잘 아니까, 무턱대고 떠나는 것보다는 뭐라도 준비해야 했다.

처음 용기 내어 시작한 것은 펜팔이었다. 여행을 준비하던 군 시절 《세계일주 카우치서핑부터 워킹홀리데이까지》라는 장찬영 작가님의 책을 읽게 됐고, 펜팔 친구를 만나러 떠난 세계여행이 매력적으로 와 닿아 그게 펜팔의 계기가 됐다.

10명이 넘는 친구와 펜팔을 시작했었는데 해본 사람은 알겠지만, 지속하기 쉽지 않다. 길어야 1~2개월 하지만 예외로 마음이 맞았던 한 친구와 6개월간 펜팔을 지속하게 됐다. 바로 터키 친구 '에젬'이다. 매번 그녀의 답장에는 정성과 진심이 묻어났고, 비록 얼굴 한 번 본 적 없는 타지의 이방인이었지만 우린 점점 가까워졌다. 그리고 어느 순간 서로가 느꼈다.

'이 친구라면 한번 만나보고 싶다.'

나는 여행 계획 파일을 열었고 약 100일의 여정 사이에 터키를 비집어 넣었다. 계획만 하고 미루면 더 두렵고 흔들려 그녀를 만나지 못할까 봐, 난 그 즉시 터키행 티켓을 끊어버렸다. 이번 여행 최대의 결단이었다.

시간은 흘렀고 내 여행은 시작됐다. 필리핀, 두바이 그리고 이집트를 거쳐 드디어 터키에 도착했다. 터키에 온 목적은 케밥을 먹기 위해서도 아니고 SNS에서 그렇게 아름답다던 카파도키아 벌룬 투어를 하기 위해서도 아니었다. 오직 펜팔 친구 에젬을 만나기 위해서였다.

그렇게 그녀를 만나기 하루 전, 갑자기 두려움이 몰려왔다. 아무리 6개월간 마음을 터놓은 사이지만 타국의 낯선 사람을 만난다는 게 두렵고 또 두려웠다. 핑계를 만들어 가지 말까 수천 번 고민을 하다 잠들었다.

다음날 아침 버스 승강장 앞에서 또 한 번의 내적 갈등 끝에 용기를 냈다. 그리고 나는 앙카라행 버스에 올랐다.

"낯선 장소, 낯선 사람, 바로 상상 속의 친구를 만나리!"

버스에서 내리자 이상하게도 따뜻하고 익숙한 온기가 느껴졌다. 에젬과 그녀의 어머니 안내가 나를 알아보고 따뜻하게 맞아줬다. 신기하

나를 맞이하기 위해 비우고 꾸며 놓은 방

게도 걱정만큼 어색하지 않았고 마치 오래된 친구를 오랜만에 만난 것
처럼 우린 자연스럽게 녹아들었다. 상상 속 친구가 현실 친구가 되던
역사적인 순간이었다.

　그녀의 집에 도착하자 푸짐한 터키식 한 상이 준비돼 있었다. 그리
고 나를 위해 비운 자신의 방에 곱게 개놓은 푹신한 이불과 그녀가 아
끼는 곰 인형이 나를 맞이했다. 한편에는 나를 만나는 날을 기다리며
X 표시 해놓은 달력도 보였다. '나라는 사람을 만나기 위해 이렇게 손
꼽아 준비하며 기다렸구나!'라고 생각하니까 미안하면서도 정말 고마
웠다.
　사실 에젬의 집이 있는 앙카라는 여행 불모지라 해도 과언이 아니었
다. 특별한 관광지가 없는 상업 도시였다. 하지만 앙카라에서 나의 일

주일은 어떤 여행지보다 아름답고 의미 있게 채워졌다. 에젬의 대학교에 놀러가 또래 친구들과 어울리며 대학가 맛집과 길거리를 누볐으며, 에젬의 동생 빌산의 고등학교도 가보고 그녀와 인라인스케이트 시합을 하는 등 소소한 시간을 보냈다. 저녁이면 주변 이웃들이 놀러와 현지의 춤도 배우고 서로의 문화를 교류했다. 그리고 주말에는 에젬의 아버지의 차를 타고 앙카라 구석구석을 돌아다녔다. 생각보다 아름다운 곳이 많았다.

"아름다운 사람들과 함께하니
무엇이 아름답지 않을 수가 있을까?"

그중 가장 좋았던 것은 에젬 어머니 안내의 요리였다. 꼭 내가 요리를 공부하는 학생이어서가 아니었다. 그녀의 요리에는 나를 향한 사랑과 따뜻한 미소가 묻어 있었다. 매일 아침과 저녁이 되면 차려지는 터키 현지식, 어떻게 매번 다르고 푸짐한 상을 차려주실 수 있는지!

사실 에젬이 귓속말로 "평소에는 이렇게 먹지 않아. 네가 너무 잘 먹고 딸밖에 없는 집안에 아들 같아서 좋다고 더 많이 해주고 싶은가 보다"라고 했다. 서툰 한국어로 "믿음, 아들 야미!" 이 말이 아직도 귓가에 서성거린다. 그리고 식사 후면 그들과 둘러앉아 빼놓지 않고 먹는 달달한 터키리시 커피와 홍차의 환상적 마무리는 아직도 잊을 수 없다.

'내가 뭐라고 이런 대접을 받아도 될까?' 생각할 정도로 과분한 사랑을 받았다. 사실 나보다 네 살이나 어린 에젬인데 늘 나보다 누나인

위 _ 요리하는 나를 위해 매일 가정식을 차려주던 펜팔 친구 엄마
아래 _ 펜팔 가족과 단체샷(앞치마 착용하고 한식을 만들며)

것처럼 어른스럽게 극진히 나를 대해줬다. 내가 손님이라며 일주일간
돈 한 푼 쓰지 못하게 했고 유난히 추웠던 앙카라의 겨울 날씨에 자신
의 목도리를 벗어 애써 둘러주는 게 그녀였다.

그 보답으로 내가 해줄 수 있는 게 고작 추억의 영상과 한식 한 상 뿐이라는 게 미안할 정도의 큰 사랑을 받았다.

일주일 후 내가 떠나는 날, 새벽 1시라는 늦은 시간이었지만 온 가족이 나를 버스 터미널로 배웅해줬다. 터미널에 차가 멈췄고 갑자기 에젬의 가족은 닭똥 같은 눈물을 흐느꼈다. 나는 애써 눈물을 참았다. 너무 따뜻해서, 너무 과분해서, 너무 좋았어서…. 이보다 더 좋은 여행지가 있을지, 오히려 앞으로 여행이 걱정됐다.

그렇게 앙카라를 떠나는 버스에 올랐고 버스에 불이 꺼지자 눈물이 왈칵 쏟아졌다. 에젬의 가족은 나도 사랑받을 수 있는 사람이라는 사실을 가르쳐줬다. 남은 여행에 원동력이자 큰 용기를 선물해준 은인이었다.

"용기 내지 않았다면 절대 얻을 수 없는 행복이었다."

2018년 1월 15일 내 생일, 에젬이 한국 시차에 맞춰 생일 축하 메시지를 보내줬다. 3년째였다. 1,000일 후 다시 보자는 의미로 내가 그녀에게 1,000원을 줬었다. 이제 1,000일이 다 되어간다.

그녀가 헤어지기 전 마지막으로 했던 한마디가 떠오른다.

"우리가 아무리 오래 멀리 떨어져 있어도 반드시 다시 볼 거야, 우린 가족이 됐으니까."

터키에 가족이 생겼다. 다시 만날 가족과의 만남이 늘 기다려진다.

노력한 만큼 행복할 수 있다.

04

평범하지만 특별했던 날들

"5, 4, 3, 2, 1! Feliz Año Nuevo!"

'0'이라는 카운트에 맞춰 열두 번의 종이 울렸고, 나는 그 소리에 맞춰 포도 열두 알을 재빨리 입에 구겨 넣었다. 종이 멈추기 전까지 포도를 다 먹지 못하면 '한 해가 재수 없다'는 스페인의 새해 풍습 때문이었다. 종이 멈추자 폭죽과 샴페인이 터졌고 낯선 서로를 부둥켜안으며 환호했다. 한국에서는 느낄 수 없는 새로운 경험이었다. 그래서 더 잊을 수 없었던 2016년의 첫날이었다.

'해외에서 크리스마스, 새해, 생일 등 특별한 날 보내보기.'

또 하나의 버킷 리스트가 지워진 날이었다.

크리스마스는 바르셀로나 호스텔에서 중국 친구 난딩과 보냈다. 그녀는 이브 날 내게 사과를 줬다. 중국은 기독교가 드물기 때문에 크리스마스를 챙기지 않는다고 했다. 대신 크리스마스이브(平安夜)와 사과(苹果)의 중국어 중 발음 기호인 병음 'píng'이 같은 글자가 있어 평안하라는 의미로 사과를 주고받는다고 했다. 나는 사과의 보답으로 매운 것을 좋아한다는 그녀에게 한국식 매콤한 볶음국수를 해줬다. 날은 매섭게 추웠지만 입안과 마음은 후끈했던 크리스마스였다.

위 _ 세비야 호스텔 한국식 쌈 소개
아래 _ 세비야 호스텔에서 연말 파티

2015년의 마지막 날은 세비야 호스텔에서 포르투갈, 스페인 그리고 독일 친구들과 보냈다. 각국의 요리를 나눠 먹었는데 나는 한국의 '쌈 문화'인 삼겹살 쌈과 소주를 소개했다. 삼겹살 쌈 속에 생마늘을 씹고 화들짝 놀라는 모습이 얼마나 귀엽던지, 음식으로 각자 나라의 문화를 공유할 수 있어 정말 행복한 시간이었다. 새해 첫날인 다음날은 떡국과 잡채로 한국의 전통음식을 소개할 수 있어 더 뜻깊었다. 우리는 음식으로 더욱 끈끈해진다.

타지에서 맞는 첫 생일은 사하라 사막이 보이는 모로코 메르주가에서 보냈다. 일본인 친구 타카가 기타로 생일 축하 노래를 불러줬던 게 기억난다. 나는 보답의 의미로 한국 음식을 그리워하던 한국 여행자들과 일본인 친구 그리고 모로코 호스트들에게 닭볶음탕을 메인으로 한식 한 상차림을 만들어줬다. 오랜만에 한식이라며 정말 행복해하던 사람들의 미소가 어찌나 좋던지 나는 받는 거보다 해줄 때가 더 좋다. 이래서 요리는 내 천직인가 보다.

노을 지는 사하라 사막 내 뒷모습

'한식', 한국에서는 평범하기 그지없지만 2억 만 리 타지에서는 특별한 음식이 된다. 크리스마스, 새해 그리고 생일과 같은 특별한 날들은 타지에서 조금 더 특별해진다.

소소한 것들의 소중함을 깨닫게 되는 이번 여행. 사실 이 모든 일이 일어났던 스페인과 모로코는 애초 계획에 없었다. 여행 중 만났던 사람들의 추천으로 이탈리아행 티켓을 찢고 변경한 일정이었다. 결과론적일 수 있지만 참 잘했다는 생각이 든다.

잊을 수 없는 나의 평범하지만 특별한 날들이었으니까.

05

내가 행복하지 못한데

참 아이러니하다. 나는 여행을 하면 할수록 많은 교훈을 얻었고 여행에 잘 적응하고 있다고 생각했는데, 왜 오늘은 또 눈물을 삼키고 있는 걸까?

상상만 했던 아름다운 광경을 보고 정말 먹어보고 싶었던 음식을 먹고 있는데 행복하긴커녕 우울해진다. 그 순간을 애써 남겨보겠다고 홀로 사진 찍는 내 모습이 안쓰러워진다. 옆에서 희희낙락거리는 일행을 보면 카메라 앵글에 잡힌 나의 모습은 한심하기 그지없고 가식적으로 보인다.

"보여주기 가짜 행복"

그래서 나는 종종 아름다운 광경을 보거나 맛있는 음식을 먹을 때면 갑자기 우울해져 모든 일정을 접고 숙소에 돌아가곤 했다. 이상하다.

적응되다가도 적응되지 않는다.

'그냥 내가 의지박약인 걸까? 나만 이런 걸까? 왜 내가 보던 여행기와 현실은 이렇게 다른 걸까?'

생각해보니 여행 중 행복했던 순간의 대부분은 누군가와 함께였다. 혼자 여행을 시작했지만 혼자가 아닌 순간이 더 많았다. 내가 무엇을 위해 여행하는지 그것을 찾아내는 일이 앞으로의 숙제일 거 같았다. 감정 소비는 할 만큼 했고 더이상 돈도 넉넉지 않다. 합리화할 이유는 충분했다.

두바이 사막 홀로 셀카

아직 계획을 제대로 펼쳐보지 못했고, 세계 음식 기행이라 말하기 정말 민망했지만….

'내가 행복하지 못하면서 누구를 행복하게 할 수 있을까?'

이쯤에서 돌아가는 게 맞는 거 같았다. 대신 나와 약속했다. 행복의 의미를 깨달을 때쯤 다시 돌아올 거라고, 그게 혼자든 혹은 누군가와 함께든 간에.

정말 원했던 여행을 하고 있는데 왜 행복하지 않을까?

06

나만 아는 '내 여행의 민낯'

'청년 식객 100일간 세계를 방랑하다!'

호기로웠던 첫 도전이 끝나고 그래도 얼추 포장은 잘했는지 주변 사람들은 내 여행을 부러워했다. '실패'의 딱지를 붙이기엔 애매한 여행이었지만 그렇다고 내가 기대하고 바라던 여행도 분명 아니었다. 세계의 많은 요리를 먹어보지도, 배워보지도, 그렇다고 친구들에게 내 요리를 많이 해주지도 못했다. 사실 내 앞가림조차 힘들었던 게 이번 여행이었으니까.

물론 내가 여행기에 적지 않으면 그만이었다. 사람들은 보이는 것만 믿을 테니까. 그게 결국 '내'가 될 거고, 여행이란 게 그런 거니까. 100일의 순간순간이 아니라 1시간짜리 잘 포장된 이야기에 사람들은 열광할 테니까.

나만 아는 '내 여행의 민낯'. 그래서 나만이 풀 수 있는 숙제이기도 하다. 여행 후 찾아오는 현실을 마주하는 법은….

위 _ 전역 후, 첫번째 여행이 끝난 뒤 앞치마와 군모

아래 _ 첫 여행지 마지막 나라 태국에서

07

소중한 사람들이
알려준 그 길

내 앞가림조차 힘들었던 여행이었으니 그 이상을 바라는 건 욕심이었을지도 모른다. 8년간 요리밖에 모르던 내가 무언가를 잘해내는 것은 오히려 이상한 일이었다. 그래서 그냥 도전했다는 자체에 만족하려 했다.

하지만 결실을 이루지 못한 도전은 이루지 못한 짝사랑같이 진한 아쉬움과 후회를 남겼다. 새로운 시작에 있어 큰 장애물이 됐다. 여행 당시에는 힘들었던 순간이 더 많았던 것 같은데 돌아오니 그 강렬했던 잔상은 쉬이 사라지지 않았다.

새로운 세상을 접하니 지극히도 평범한 이 현실이 너무 무료해졌다.

요리라는 우물을 벗어나 더 큰 세상을 경험하고 싶었다. 다양한 사람을 만나 요리 외에 많은 것들을 공유하고 싶었다. 여행은 '세상에는 내가 보지 못한 것들이 아직 너무나도 많다는 것'을 알려줘버렸다.

그래서 그때부터 나는 '인생의 2막'이라 칭하며 한국에서의 도전을 시작했다. 하지만 현실은 냉정했고 대외 활동, 공모전 등 도전하는 것마다 족족 떨어졌다. '서류 탈락'! 어느 곳도 내게 입 뻥끗할 면접 기회조차 주지 않았다. 여행 후 의욕은 누구보다 앞섰지만 '아무것도 없으니, 아무것도 할 수 없었다'. 대외 활동을 하기 위해서는 대외 활동 경력이 요구되는 아이러니함이 한국의 현실이었다.

나는 하는 수 없이 '나 홀로 프로젝트'를 시작했다. 평소 상상하고 해보고 싶었던 것들 기획하고 실행했다. 자취방에 친구들을 초청해 요리를 해주고 고민을 들어주며 소소한 행복을 선사하는 '힐링키친', 대전 대학생들의 소통 공간 '꿈꾸는 옥탑방' 등은 스펙을 위해서가 아니라 오로지 나를 위한 도전들이었다.

그렇게 시간이 흘렀고 나의 작은 도전들은 나만의 이야기가 됐다. 그리고 놀랍게도 나의 이야기에 관심을 가져주는 사람들이 생겨났다. 비로소 나는 처음으로 대외 활동을 하게 됐다.

'트래블리더', 전국을 여행하며 사진을 찍고 콘텐츠와 기사를 만들어내는 대학생 기자단이었다. 새로운 사람을 만나고 여행의 향수를 달랠 수 있는 최적의 활동이었다.

요리 외에 대외 활동은 처음이라 모든 게 낯설고 사람들과 어울리는

트래블리더 해단식

것 또한 어렵기만 했다. 그리고 학교에서는 나름 잘하는 축이라고 생각했었는데 학교라는 우물을 벗어나니 나는 보잘것없는 존재였다. 이러한 나 자신의 모습에 자존감은 한없이 떨어졌다. 그 과정에서 여행만큼이나 아픈 통증들이 따랐다.

하지만 이내 배움의 자세를 가지고 남들보다 두세 배 더 노력했다. 내성적이고 소심하던 내가 40명의 인원을 대표하는 기장에 도전했을 정도이다. 이렇게라도 내게 책임을 부여하지 않으면 나는 또 사람들 주위만 맴돌고 말 거라는 걸 내가 가장 잘 알기 때문이었다.

첫 대외 활동에 기장을 맡았고 나는 누구보다 솔선수범해서 열심히 했다. 그리고 시간이 지나면 지날수록 나보다 나은 사람들과 함께한다는 것이 큰 축복이라는 것을 깨달았다. 함께하다 보니 서로의 장점을 조금씩 흡수하고 있었다.

그렇게 1년이라는 시간이 흘렀고 나도 모르게 점점 변화가 찾아왔다. 블로그를 시작으로 SNS라는 것을 운영하게 되었고, 사진도 찍고, 영상도 만들고 시간이 거듭될수록 나는 성장했다. 그리고 말도 안 되지만 1년의 활동이 끝나는 해단식 날, 나는 최우수 활동자로 '한국관광공사 사장상'을 받게 됐다. 누구보다 뛰어나고 질이 높았다기보다는 1년간 꾸준히 노력하며 성장한 점을 높이 샀다고 했다.

더 뜻깊었던 건 1년 동안 기장으로 고생했다며 40명의 사랑이 담긴 편지와 케이크를 받은 것이다. 최우수상보다 더 값진 따뜻한 사랑이었다. 내성적인 나를 깨부수고자 도전했던 기장은 그해 최고의 선택이 되었다. 여행 후 치열했던 2016년, 지난날이 헛되지 않았다는 보상 같았고 그래서 눈물이 왈칵 쏟아졌다.

　여행은 내게 우물 밖 세상을 보여줬고 나도 할 수 있다는 자신감을 심어줬다. 나도 모르는 사이에 더 나아진 사람이 되고 있었다. 아직은 불안한 마음이 더 크지만 점점 알 것만 같다.

"
내가 앞으로 걸어가야 할 길,
소중한 사람들이 알려준 그 길.
"

당신의 그 미소가 좋아서

08

무모한 용기가
아니라니까요

"시베리아 횡단열차, 산티아고 순례길, 아프리카 종단, 인도, 네팔까지…. 200일간 세계를 여행하며 고단한 이들에게 제 요리로 행복한 미소를 선물할 거예요. 당장은 이해 못하실 수도 있지만 지금 제가 가장 잘할 수 있는 일이에요. 저의 도전을 한 번만 믿어주셨으면 좋겠어요."

뇌물로 푸짐히 차려진 식탁 앞에서 부모님께 약 스무 장의 여행 계획 PPT를 발표했다. 발표를 마치고 나는 참아왔던 깊은 숨을 내쉬며 아버지의 표정을 살폈다. 아버지는 나를 한번 보시더니 내가 아닌 동생에게 물었다.

"기쁨아, 너는 이렇게 여행할 생각해봤어? 아니, 시켜줄 테니까 해볼래?"

"아니요. 개고생이잖아요. 저렇게는 공짜로 보내줘도 안 가요."

아버지가 동생에게 물은 한마디에는 많은 의미가 내포돼 있었다. 내 성적이며 자존감이 낮던 아들이 한국도 아닌 세계에 다시 한번 부딪쳐

" 고단한 여행자 여러분, 당신의 한끼를 책임지러 갑니다."

청년방랑식객

고단한 여행자 여러분 "당신의 한끼를 책임지러 갑니다."

"청년식객 세계를 방랑하다"
- 여행기간: 2016.3.11~ 돈 떨어질때까지, 약 6개월간
- 중요일정: 시베리아 횡단열차 ⇒ 동유럽 ⇒ 남미 아 고슴페급 ⇒ 아프리카
종단 ⇒ 인도 ⇒ 네팔

 장민용
Food · 경기도 남양주시 화양동 · 한국조리과학고 고등학교
후원 건수 0 · 캠페인 연동 건수 1

₩ 135,000   후원자 8 명

14% 목표금액 1,000,000 원   37 일 남음

종료 예정일: 2017년 02월 24일

 참여하기

여행 자금 마련을 위한 기획 그리고 펀딩

홀로 도전하겠다는 의지 그 자체를 대견스럽게 여긴 듯하다.

부모님은 결국 나를 믿어주기로 했고 소정의 후원도 약속해주셨다. 그렇게 못다 한 짝사랑의 마무리를 위해 두 번째 도전의 발걸음을 뗐다.

하지만 다시 한번 여행을 떠나겠다는 나에게 격려보다는 우려의 시선이 쏟아졌다.

"해외여행 갔다 오고 대외 활동도 좀 하더니 겉멋 들었냐? 아니면 역마살? 이 시기가 얼마나 중요한데 취업은 어떡하려고?"

가끔은, 아니 많이 흔들렸지만 지금만큼은 주변의 목소리에 연연하지 않기로 했다. 단순히 'YOLO(You Only Live Once: 인생은 한 번뿐이다)'를 찾은 여행은 아니었으니까. '행복한 미소를 찾아 떠나는 여행', 내게는 떠나야 할 확실한 이유가 있었기 때문이다. 그리고 시간, 돈, 주변의 우려 모든 것을 회피하지 않고 책임지고 부딪힐 것이다.

그 시작이 나의 소중한 가족 설득이었다. 나 좋자고 신경 쓰지 않을 수 없다. 나만을 위해 모든 것을 버릴 수는 없다.

"

여행이 깨우쳐준 건 그런 무모한 용기가 아니라
평범하고 소소한 것들의 중요성,
그리고 혼자가 아닌 함께의 가치였으니까.

"

09

세상에 공짜는 없다

'최선을 다했어, 과정에 만족하자. 이 정도 했으면 포기는 아니지.'

쥐뿔도 없지만 나도 할 수 있을 줄 알았다. 여행을 위한 자금이 충분하지 않았고 돈을 버는 데만 수개월을 쏟기에는 기회비용이 너무 컸다. 그래서 크라우드 펀딩과 기업 협찬 제안서를 준비했다. 밤낮으로 기획서를 만들었고 나름 그럴듯한 이야기가 완성됐다. 어디서 나온 자신감인지는 모르겠지만 나름 독보적인 여행 콘셉트라 자부하며 혼자만의 상상의 나래를 펼쳤다.

하지만 기업 제안서는 족족 반려됐고 크라우드 펀딩은 2주째 10퍼센트 아래를 맴돌았다. 믿었던 지인들마저 펀딩에 관심을 가져주지 않으니 스트레스는 더 커져갔다. 차라리 이렇게 정신적 스트레스를 받느니 알바 네 개를 밤낮으로 뛰며 일하는 게 덜 힘들 것 같았다.

'세상에 공짜는 없다'는 진리를 다시 한 번 깨닫는 순간이었다.

2개월간의 노력에도 큰 성과가 없자 그냥 도전에 의의를 두려고 했다. 하지만 페이스북 메시지 한 통이 내 감정에 변화를 일으켰다.

> 안녕하세요, 믿음 님 여행 계획을 보고 후원해드리고 싶어서 연락드렸어요. 금액은 크지 않아도 괜찮을까요?

> 금액은 상관없어요! 일면식 없는 사람에게 글 한 번 읽어보고 응원해주신다는 것 자체로 정말 감사드려요.

> 아, 저는 믿음 님 글을 한 번 읽은 게 아니에요. 일곱 번은 봤나? 꾸준히 노력하시는 모습에 큰 금액은 아니지만 응원해주고 싶은 마음이 생겼어요.

그때 깨달았다. 나의 기준에서만 최선이었다. 간절하고 절실하지 않았다. 괜히 돈을 구걸하는 내가 비참하기도 했고 그 이상의 민낯은 보여주고 싶지 않았다. 하지만 첫 번째 도전도 아니고 두 번째이기에 이번은 정말 간절했다.

그래서 다시 홍보를 시작했고 결국 첫 목표액 100만 원을 채웠다. 수수료와 미결제액을 제외하고 66만 원을 받았다. 그리고 추가로 블로그와 계좌로 후원해주신 분까지 100만 원 이상의 자금을 모을 수 있었다.

앞치마에 이름을 새기고, 여행 영상에 감사 인사만 남기는 특별한 리워드 없는 펀딩임에도 약 40분이 나를 진심으로 응원해주셨다.

펀딩을 시작으로 거짓말 같게도, 이때라는 듯 세상이 나를 바라봐주기 시작했다. 여름 학기 우수자로 장학금을 받았고, 몇몇 기업에서 약

위 _ 후원자 이름 새기기
아래 _ 펀딩 후원자 이름

200만 원의 후원금과 100만 원 상당의 물품도 후원받았다. 그렇게 여행을 준비한 지 3개월 만에 목표했던 900만 원이라는 금액을 모을 수 있었다. 더 놀라운 건 십일조와 감사 헌금을 드리고 남은 금액이라는 것이다.

아직 출발하지 않았지만 벌써부터 여행이 시작된 셈이었다. 울기도 했고, 웃기도 했고, 좋은 사람들도 만났고 그리고 큰 교훈과 경험을 얻었다.

> **그리고 중요한 건 이번 여행은 떠나기 전부터 혼자가 아니다. 적어도 40명은 함께하는 그런 여행이다. 가슴이 뛴다.**

그래, 이제 남은 인생은 찾아오는 인연을 기다리기보다는
내가 만나고 싶은 사람에게 다가가보는 거야!

Main 1

- - - - - - -

2

용기 내서
다시 한번

시베리아
횡단열차,
산티아고
순례길

요즘 세상에서 가장 무서운 나이를 중2라고 한다. 무슨 용기였는지 모르겠지만 인생 처음으로 부모님께 반기를 들었던 나이도 중2였다. 3남매 중 공부를 제일 잘했던 내게 부모님은 기대가 크셨다. 이런 내가 특목고 준비를 포기하고 조리 고등학교에 진학하고 싶다고 하자 부모님은 크게 반대하셨다. 당시만 해도 스타 셰프나 쿡방이 성행하지 않았고, 남자가 요리를 한다는 것에 대해 부정적 인식이 많았다.

그렇게 나의 꿈을 짓밟혔다. 집을 나가고 속을 썩여가며 밀어붙일 용기는 부족했지만 나는 간절했다. 그래서 나는 부모님과 작은 말다툼 뒤 하나의 제안을 했다.

"아버지, 그러면 제가 기도하면서 다시 한번 생각해볼게요. 그니까 무조건 반대는 하지 말아주세요!"

이 한마디를 남기고 나는 다음날부터 새벽기도에 나가기 시작했다. 하루 이틀에 지나지 않을 거라는 부모님의 생각과는 달리 나는 365일 중 200일 이상의 새벽기도를 출석했고 교회 장학생까지 됐다.

중3 입시 시즌이 돌아왔고 나는 아버지께 조리 고등학교 진학을 다시 말씀드렸다.

"그래 가거라."

아버지는 내가 이겼다는 듯 백기를 드셨다. 그리고 어머니에게 말했다.

"열여섯 살짜리가 이렇게까지 하는데, 우리라고 별 수 있겠어?"

중2 시절 내가 할 수 있는 최고의 발악이자 성과였다.

그렇게 고등학교에 진학했고 시간이 지나 엄마가 흥미로운 이야기를 해주셨다.

"믿음아 너를 가졌을 때 엄마가 새벽기도를 열심히 다녔어. 그러다 새벽기도 하던 어느 날 갑자기 양수가 터져 네가 태어난 거란다. 믿음아, 그래서 네가 어려운 일이 있을 때 엄마처럼 기도를 열심히 하나 봐."

"어쩌면 중2병이
아니었을지도 모른다.
그 엄마의 그 아들,
유전이었나 보다."

고등학교 시절

10

인연은 붙잡아야 운명이 된다

살갗을 찌르는 추위가 엄습해오던 블라디보스토크의 새벽, 드디어 말로만 듣던 시베리아 횡단열차의 앞머리가 보이기 시작했다. 나는 한참을 걸어 열차의 끝인 3등석 꼬리 칸 앞에 도착했다.

탑승을 위해 역무원에게 표를 확인하고 있는데 나와 같은 피부색의 남자가 내 뒤에 바짝 섰다. 흘낏 보니 그는 샛노랗고 펑키한 헤어스타일에 고르지 않은 치아를 가졌고 한국인이라기에는 말끔하지 않은 모양새였다. 수납이 좋은 배낭 하나에 짐을 잘 정리해서 다니면 좋을 텐데, 그는 크기가 제각각인 가방을 앞뒤로 매고 옆으로도 매고 손에도 쥐고 있었다.

'참 비효율적인 사람, 아마 중국인일까?'

대수롭지 않게 생각하며 열차에 올랐다. 그런데 잠시 후 그는 내 뒤를 따라 열차에 올랐고 내 옆에 자리를 폈다.

'뭐지? 그 많던 러시아 사람이 아니라 이 중국인이 내 옆 자리인가?'

그렇게 한참의 적막이 흐른 뒤 내 옆에 앉은 그는 뜻밖의 언어로 내게 말을 걸었다.

"혹시 저 알아요? 저는 그쪽 아는데?"

알 리가 만무했다. 게다가 한국인이라니! 정적이 흐르고 혼자 중얼거리는데 앞에 앉은 그는 나를 보고 배시시 웃기만 한다. 진짜 뭐지? 헛웃음이 나오는 동시에 두려운 마음이 들었다.

'말로만 듣던 스토커인가? 스토킹?'

근데 뭐 내가 유명인도 아니고 설마⋯. 잠시 후 그는 마침내 감춰놨던 속내를 밝혔다.

그는 교직에 있다 불혹이라는 나이에 학교를 그만두고 '사십춘기 방랑기'라는 타이틀로 여행을 시작한 유성호 선생님이었다. 길 위에서 만났으니 선생님이라는 호칭 대신 형이라는 명칭을 사용하기로 했다.

형은 횡단열차 정보를 찾아보던 중 내 블로그에서 열차 예매법을 보게 됐고 많은 도움을 받았다고 했다. 그러다 자연스레 나의 여행기를 접하게 됐고 내 글을 읽을수록 나에 대해 궁금증이 생겼다고 했다. 마침 나와 출발 시기가 비슷했던 형은 미처 모자이크 처리하지 못한 내 표를 발견하고 재빨리 옆자리를 예매해버렸다고 한다. 이미 예약한 비행기 표는 취소할 수 없어 그렇게 형은 블라디보스토크에서 5일간 머물며 나를 기다렸다. 철저한 계획 끝에 이뤄진 만남이었다.

불순한 의도는 없으니까 겁먹지 말라며 형은 운을 뗐다.

"인생을 살며 여태 만났던 사람은 같은 동네 살아서 그 환경에서 개랑 오래 있어서 친구가 된 거고, 누군가의 담임이어서 그 녀석의 선생이 되었어. 살면서 주체적으로 누구를 선택한 경험이 많지 않은 거 같아. 40년을 살다보니까 찾아오는 인연도 좋지만 이제 남은 인생은 정말 내가 선택하는 인연을 만들어보고 싶어."

나 또한 능동적인 사람은 아니었기에 형의 말이 깊게 와 닿았다. 내가 뭐라고 만나고 싶었을까? 잘은 모르겠지만 누군가의 만나고 싶었던 사람이란 것이 싫지만은 않았다. 아니 좋았다.

성호 형은 흘러가버릴 수 있었던 인연인 나를 붙잡기 위해 자신의 일정까지 희생했고 그렇게 우리는 계획적인 인연이 되었다. 서로 전혀 다른 분야와 나이대, 크게 접촉할 일이 없는 사람이었지만 한 사람의 용기로 불가능은 현실이 됐다.

형 덕분에 일주일간의 횡단열차 생활은 외롭지 않았고 더 많은 추억을 만들 수 있었다. 함께 있다는 것 자체로 든든했다. 또한 인생 선배로서 열차 생활 내내 값진 조언들을 해주셨고 덕분에 대장정의 시작에 큰 주춧돌이 됐다.

횡단열차에서 내릴 때 앞으로의 격려와 함께 "내가 너의 마지막 후원자야"라며 손에 움켜준 100달러를 잊을 수 없다. 형을 만나지 않았더라면 아마 이번 여행의 판도는 아마 크게 달라졌을 것이다.

성호 형의 용기와 선택도 중요한 부분이었겠지만 그전에 블로그에 적어놓은 내 노력들도 함께 모여 운명을 만들었겠지?

"인연은 붙잡아야 운명이 된다."

왼쪽 _ 성호 형과 함께 찍은 사진
오른쪽 _ 성호 형이 마지막 후원자라며 건넨 100달러

사랑에만 적용되는 말 같지만 우리의 일상 곳곳에 적용되는 말이다. 운명이 찾아오길 언제까지 기다릴 수만은 없다. 용기를 내어 붙잡았을 때 인연이 되고 운명도 되는 법. 내가 평생 그렇게 살지 못했다 한들 용기를 내어보자. 작은 용기가 인연을 만들고 운명을 낳을 것이다.

이제 남은 인생은 찾아오는 인연을 기다리기보다는 내가 만나고 싶은 사람에게 다가가보는 거야!

성호 선생님과 만난 이야기

횡단열차 탑승기

11

누군가의 용기가
또 다른 용기를 낳는다

이쁘장하고 명랑해 보이는 러시아 소녀 네 명이 내 앞을 지나간다. 횡단열차에서 5일간 많은 친구를 사귀었지만 대부분 같은 칸의 친구들이었고 또래인 친구는 거의 없었다. 모스크바까지 이틀도 채 남지 않았는데 이대로 흘려 보내기는 아쉬웠다.

성호 형이 첫날 내게 준 교훈처럼 '찾아오는 인연만을 기다리는 것이 아니라 능동적으로 자기가 선택하는 인연'을 만들어보고 싶었다. 평생 모르는 여자한테 말 한 번 걸어보지 않은 나인데 왠지 모를 용기와 배짱이 여기에서는 또 생긴다.

지피지기면 백전백승이랬다. 4일간 열차에서 함께 지낸 러시아 친구 도일랏에게 조언을 구했다. 도일랏의 조언에 따라 나는 러시아어를 속성으로 배웠다. 그리고 나름의 시나리오도 짰다.

이왕 용기낼 거 철저한 계획으로 반드시 친해지리라!

기본적인 표현들을 익혔고 마침내 결전의 순간이 다가왔다. 하지만

체조소녀들과 함께

역시나 실전은 쉽지 않다. 의자에 앉았다 일어났다를 반복하며 망설였다. 후… 용기 내기가 쉽지 않았다. 낯선 여자 그것도 이방인에게 먼저 다가간다는 게 정말 어려웠다. 그렇게 30분이 지났을까 용기내어 그녀들에게 말을 걸었다.

당신의 그 미소가 좋아서

결과는 말도 안 되지만 대성공이었다. 난생 처음 모르는 여자한테 말도 걸고 친해지기까지!

사실 그녀들도 나랑 친해지고 싶었다고 말했다. 그녀들은 K-pop을 좋아했고 횡단열차에 동양인 젊은 남자가 있으니 궁금했다고 했다. 서로가 말을 걸까 줄다리기하고 있던 것이었다. 이번에는 나의 용기가 또 다른 인연을 만들었다.

인생은 타이밍이라고 했던가? 그녀들은 다음날 아침 옴스크역에서 내릴 예정이라고 했다. 조금만 늦었으면 흘러갔을 인연이었다.

그녀들은 모스크바 옴스크로 대회를 나가는 체조 선수들이었고 그 덕에 한 평 남짓한 횡단열차에서 나는 체조 쇼도 볼 수 있었다. 그리고 마침 아냐의 생일이어서 즉석 미역국과 기념품을 선물했고 서로의 언어로 축하 노래를 불러줄 수 있었다.

한국어로 그녀들의 이름을 써주기도 하고, 〈강남스타일〉을 틀고 신명나게 춤추기도 하며 시간 가는 줄 모르고 밤을 지새웠다. 사실 영어도 잘 통하지 않은 그녀들이었지만 이 순간 언어는 중요하지 않았다. 서로의 마음만 열려 있다면 어떻게든 통할 수 있었다.

"누군가의 용기가 또 다른 용기를 낳는다. 아직도 기다리고만 있다면 용기를 내보자."

 러시아 소녀들에게 말 걸기

12

가족, 또 다른 말로 식구라 한다

"먹을 식(食), 입 구(口)"

'밥을 함께 먹는 사람들' = '가족 같은 사람들'

마리안느와 발렌티나 자매가 떠난 자리에 새로운 식구가 들어왔다. 이르쿠츠크로 가는 샤샤와 모스크바까지 함께하는 도일럇은 처음에는 서로 낯을 가렸지만 밥을 함께 먹으며 우린 제법 친해졌다. 횡단열차의 특성상 4인 칸에 테이블은 하나, 즉 식사 때만 되면 자연스럽게 우린 부딪혀야 했다.

식사 시간, 어쩔 수 없이 우리는 겸상하고 나는 한식을 그들은 러시아 음식을 서로에게 권했다. 서로의 음식을 먹고 엄지를 치켜들기도 하고, 얼굴이 찌푸려지기도 했다.

어느새 열차 안은 개방정 넘치는 웃음으로 가득해진다. 밥상으로 시작한 우리의 인연은 밤새 계속됐다. 내일 아침 내리는 샤샤를 위해 '작은 송별 파티'. 기차 안이 금주라 술은 마실 수 없고 우리만의 방식으로

왼쪽 _ 횡단열차 안 즉석 비빔밥과 된장국
오른쪽 _ 횡단열차 앞
아래 _ 일주일을 함께한 도일랏과 샤샤 그리고 성호 형

추억을 그려나갔다. 괴상한 표정을 짓기도 하고 웃긴 소리를 내기도 하고 서로의 언어를 배우기도 했다.

한국의 매운맛을 보여주겠다며 불닭볶음면을 만들어 샤샤와 도일랏에게 건넸고 그들은 흥분해 날뛰었다. 말은 잘 통하지 않지만 마음만은 하나가 된 우리, 가족을 왜 식구라고 하는지 조금은 더 와 닿았던 오늘

즉석 요리하는 내 모습

이었다.

　밥을 함께 먹으며 얻어지는 정은 그 어느 정보다 *끈끈하고 깊다*. 그래서 밥을 함께 먹는 사람들을 식구, 가족이라 칭하나 보다. 앞으로 나의 요리를 나눌 수많은 식구들과의 이야기가 벌써부터 궁금해진다.

　　　"저의 다음 식구가 되어주실 분은 누구신가요?"

가족 또 다른 말로 식구라 한다

당신의 그 미소가 좋아서

13

죄책감 없는 여행

랜드마크란 게 없다. 꼭 가봐야 할 명소나 먹어야 할 음식도 없다. 차창 밖 풍경이 관광지요, 열차에서 만난 친구와의 농담 따먹기가 문화요, 그저 하고 싶은 거 하는 게 관광이다. 사실 평소에도 충분히 할애할 수 있는 시간임에도 왠지 모를 불안감 때문에 이런 감정을 느끼지 못한다. 일반 여행지에서는 느낄 수 없었던 나만의 시간. 환경이 갖춰 있지 않아서가 아니라 내가 생각하고 받아들이기 나름이란 것을. 정말 내게 꼭 필요한 시간이었다.

"여행이 좋다. 나를 또 다른 잣대로 바라볼 수 있어서."

7일째, 이제 모스크바다. 시차를 거스르며 달리는 까닭에 이틀간 차창 밖은 계속 환하다. 정신이 몽롱해진다. 그래도 쉬지 않고 달리는 열차 덕에 빠르게 가까워지고 있다.

왼쪽 _ 시베리아 횡단열차의 상징 컵에 매일 아침 마셨던 짜이 한잔
오른쪽 _ 여유롭게 담소 나누는 횡단열차 일상

여행이 내게 알려준 함께의 소중함, 약속했던 100일이 다 되어갔고, 이제 나는 더 이상 혼자가 아닐 것 같다.

9,289킬로미터, 지구 둘레의 4분의 1을 달려 마침내 열차는 모스크바에 도착했다. 그리고 그녀는 파리행 비행기에 몸을 싣고 정들었던 남미 땅과 이별하고 있었다. 이제는 마음만 먹으면 그녀를 볼 수 있다.

아쉽지만 안녕, 소중한 추억을 선물해준 횡단열차야. 그리고 안녕, 본격적 여행의 시작인 모스크바야. 마지막으로 안녕, 정말 보고 싶었던 '너'.

당신의 그 미소가 좋아서

3등석 미리 보기

14

오늘은 내 마음 가는 대로

내 일정에 '비엔나'는 없었다. 파리로 가기 전 물가가 저렴한 브라티슬라바에서 횡단열차의 여독을 덜며 충분한 휴식을 가질 예정이었다. 하지만 이런 나를 솔깃하게 한 세 가지가 있었다.

첫째, '한 시간'으로 세계에서 가장 가까운 수도 여행

- 더구나 왕복 티켓은 12유로라는 부담되지 않은 가격이었다.

둘째, 세계 3대 커피인 비엔나 커피의 고장

- 전공자로서 요리의 발상지를 찾아가고 싶었던 로망

셋째, 한식으로 비엔나를 사로잡은 김소희 셰프의 레스토랑

- 내가 좋아하고 존경하는 셰프를 만나볼 수 있는 기회

결국 다음날 나는 비엔나행 열차에 몸을 실었다. 전공자로서 단연 기대됐던 건 한식으로 비엔나를 사로잡은 김소희 셰프의 레스토랑

'Kim'이었다.

가난한 배낭 여행자라 반드시 그녀의 요리를 먹어봐야겠다는 생각은 아니었다. 그냥 그녀의 모습을 보고 싶었고 작은 조언이라도 듣고 싶었다. 하지만 레스토랑에 들어서 그녀를 본 순간, 나는 뭔가 모를 끌림에 의해 코스 요리를 주문했다.

비엔나를 사로잡은 그녀의 한식이 궁금해졌다. 그리고 한 가지 확신이 생겼다.

'이 요리는 앞으로 내 여정에 있어 내가 만들 한식에 대해 갈피를 잡아주리라.'

내 끌림이 맞았다. 그녀의 요리는 상상 이상이었다.

표고 육수에 국화 잎을 우려내 약간의 쌉쌀함과 은은한 꽃향기가 더해져 고급스러운 맛을 내던 완탕부터 고추장 소스에 레디시를 섞어 매운맛을 중화시키며 비주얼을 살린 정말 부드러웠던 문어 스테이크, 그

김소희 셰프님과 함께

당신의 그 미소가 좋아서

가장 맛있었던
레디시 고추장 소스
문어요리

리고 식사의 깔끔한 마무리를 도와주는 생강 초콜릿 무스까지 한식의 전통을 깨뜨리지 않으면서 세련되고 고급스러운 그녀만의 색이 묻어 있었다.

식사를 마친 뒤 셰프님께 간단한 내 여행 계획을 말씀드렸고 셰프님 은 젊은 친구의 꿈을 응원한다면서 진심 어린 응원과 함께 책 한 권을 선물해주셨다. 배와 마음까지 두둑했던 행복한 식사였다. 여행하면서 최고로 돈을 많이 지출한 날이었지만 가장 보람차고 행복한 날이었다. 오랜만에 누군가의 음식을 먹고 느끼는 행복이었다.

이 행복함을 앞으로의 여정에서 고단한 여행자들에게 다시 나눠주 는 것 그것이 이번 여행의 숙제일 것이다.

"감사합니다. 셰프님, 좋은 영감을 가지고 세계 곳곳에 고단한 이들 에게 이 감정 그대로 돌려주겠습니다."

파리에서 바게트와 와인 먹기, 이탈리아에서 피자 먹기, 독일에서 맥주 마시기 등에 이어 비엔나에서 커피 마시기의 먹킷 리스트까지 또 하나를 완료했다. 계획 없는 충동적인 결정이었지만 정말 만족스러웠던 하루였다.

"가끔은 계획대로가 아니라 바람 따라 사람 따라 몸을 맡기는 것, 이게 또 다른 여행의 맛이 아닐까? '오늘만큼은 내 마음 가는 대로'."

15

어른이 되면 갚아도 돼

'슬로바키아의 수도 브라티슬라바' 유명 관광지가 아니어서 그런지 붐비지 않는 고즈넉함이 좋았다. 저렴한 물가는 물론 삶의 여유가 느껴지는 사람들의 분위기가 불안정했던 내 마음을 안정시킨다.

블로그에 끄적거린 글 하나가 화근이 되어 6년간 슬로바키아에서 한글 학교를 운영하고 계신 교민 분을 만나게 됐다. 그는 내게 따뜻한 밥과 커피 한 잔을 사주셨다. 초면에 부담스러워하는 나에게 그는 "나중에 나이가 들면 다른 젊은이들에게 다시 베풀면 돼요"라며 재차 부담을 덜어주셨다.

이후로도 여행 중에 같은 말로 많은 분들이 내게 따뜻한 한 끼를 사주셨다. 내 여행을 지탱해주는 감사한 사람들 절대 잊지 않고 나도 받은 만큼 베푸는 사람이 되어야지.

위 _ 슬로바키아 교민분이 선물해주신 책
아래 _ 슬로바키아의 아이

당신의 그 미소가 좋아서

"좋은 곳에는 좋은 사람이 사는 걸까?
아니면 내가 정말 인복이 많은 걸까?"

그리고 무슨 인연인지 마침 나의 다음 행선지 '산티아고 순례길'에
관한 책을 집필하신 분이었다. 그는 내게 책을 선물로 주셨고 앞으로
일정에 좋은 길잡이가 되어주셨다.

예상치 못한 인연들을 만나는 것 사실 노력으로만 되진 않는다. 그
날 그날의 내 작은 선택이 모여 지금을 만드는 것, 나는 또 어떤 선택을
하게 되며 어떤 인연을 만나게 될까?

이제 내 여행의 2막 순례길로 향한다.

'바람이 부는 산티아고'로.

16

결국에는 '0'이니까 남은 게 없네

'세계를 여행하며 요리할 거야'라며 당찬 출사표를 내밀고 떠났던 두 번째 여행.

부끄럽지만 이번 여행의 절반은 파리에서 재회할 그녀에 대한 기대였다. 혼자 떠나도 좋은 여행을 소중한 사람과 함께한다면 얼마나 좋을까?

1년 전이었다. 이번 여행을 준비하던 중 그녀를 만났다. 여행을 통해 알게 되었고 그래서 통하는 게 더 많은 우리였다. 나는 여행을 앞두고 있었지만 그 끌림을 포기할 수 없었다. 그리고 문득 생각했다.

'지금도 행복한데 굳이 여행해야 할까?'

수년간 계획했던 꿈도 사랑 앞에서는 한없이 약해진다. 하지만 운명이었던 걸까? 그녀도 세계 여행을 준비하고 있었고 우리는 일정 부분을 함께할 수 있었다. 그녀가 떠나기 두 달 전 나는 결단했고 우리는 함께하기로 했다. 그리고 2016년 12월 그녀는 나보다 70일 먼저 남미로 떠났다.

    흐드러진 벚꽃 잎이 자욱했던 '4월의 파리', 에펠 탑 앞 황홀한 재회
를 꿈꿨던 그날, 그날이 우리의 마지막 날이었다. 100일간 그녀를 기다
리며 썼던 다이어리는 휴지조각이 됐고, 한국에서 준비해간 떡볶이는
최후의 만찬이 됐다.

    여행 10일차, 여행을 해야 할 절반의 이유가 사라졌다. 감정을 주최
할 수 없어 일주일간 밤낮으로 울기만 했다. 바꿀 수 있다면 모든 것을
포기하고 한국으로 돌아가고 싶었다.

    산티아고 순례길은 그녀가 꼭 걷고 싶어 했던 길이어서, 남미가 더
끌렸지만 그녀와 어긋나지 않기 위해 아프리카 여행을 결심했다. 그리
고 수많은 어려움에도 이번 여행을 강행할 수밖에 없었던 가장 큰 원동

력은 그녀였다.

일주일간 온몸에 물이란 물은 다 빼내고 난 뒤에서야 나는 이번 여행의 의미를 되새겼다. 그녀는 떠났지만 아직 많은 사람들이 내 곁에 남아 진심으로 응원해주고 있었다. 실망시키고 싶지 않았다. 그리고 또 다시 어린 시절 나에게 부끄러운 사람이 되기 싫었다.

'그녀 덕에 꿈을 여기까지 끌고 올 수 있었고 이 과정 또한 내게 좋은 거름이 될 거야'라며 주문을 외웠다.

파리에서 여덟째 날, 나는 다시 걷기로 결심했다.

이젠 진짜 '나'와의 여행이다. 계획대로 순례길로 향한다. '여행을 통해 사람을 얻었지만 여행을 통해 사람을 잃었다.' 이제 다시 원점이다.

"누군가를 떠나보기에는 너무나도 찬란하고
잔인하게 아름다웠던 파리의 봄"

파리 그리고 순례길 시작

17

"What the hell, Fuck 믿음!"

"What the hell, Fuck 믿음!"

나의 순례길 수셰프인 핸드릭이 욕을 퍼붓기 시작했다. 한국인은 왜 이렇게까지 하냐며 이해할 수 없다는 눈빛을 보냈다. 나는 그에게 자초지종을 설명했다.

그는 과연 한국인을 이해할 수 있을까?

"Oh Jesus, I wanna get your bless. :)"

부활절이 가까워지면서 예수 닮은꼴로 인기가 급상승 중인 친구가 있다. 나와 인연이 깊은 독일 청년 핸드릭이다. 그는 느긋한 한량이자 히피 스타일이었다. 걷는 양에 대한 조금의 강박이 있었던 나와는 마주칠 가능성이 크지 않았다.

하지만 인연은 굳이 노력하지 않아도 만나게 되는 걸까? 확연한 페이스 차이에도 불구하고 일정 지점에서 우리는 정기적으로 마주쳤다. 그는 한국과 음식에 대한 관심이 많았고 자연스레 나와도 가까워지고

위 _ 핸드릭과 칼국수 만드는 모습
아래 _ 완성된 칼국수

싫어 했다.

나는 걷는 양의 차이로 우리가 더 벌어지기 전에 핸드릭에게 한식을 만들어주기로 했다. 하지만 하나 걸리는 게 있었는데 그는 베지테리언 이었다. 변명같이 들릴지는 몰라도 고기를 쓰지 않고 맛있는 한식을 만들기가 생각보다 쉽지 않다. 그래서 며칠간 걸으며 고기 없이 만들 수 있는 한식을 고민했다.

그렇게 고안해낸 메뉴는 바로 '칼국수'였다. 맛도 맛이지만 함께 체험하며 만들기에 최적의 메뉴였다. 우리는 반죽을 치대고 숙성하고 밀고 자르고 육수를 끓이기까지 약 세 시간 동안 요리했다. 그렇다. 핸드릭이 욕한 이유는 약 20인분의 칼국수 반죽을 하느라 진이 빠질 대로 빠졌었기 때문이었다.

"한식은 기다림의 맛이야. 재료를 숙성하고 육수를 내며 진한 맛이 우러나올 때까지 기다려야 해."

핸드릭에게 한식의 미학을 설명했다. 당시에는 크게 이해하지 못했지만 그래도 입맛에 맞았는지 아니면 자기가 직접 만들어서인지 만족해하며 칼국수를 먹었다. 그 후로 핸드릭은 나의 순례길 수셰프가 됐고 나는 그와 걸음을 맞췄다. 그리고 그에게 네 가지 정도의 요리를 더 전수한 후 우리는 헤어졌다.

여행하며 요리하는 내게도 나름의 '철학'이 있다. '틱' 하고 내놓는 자동판매기 같은 요리가 아니라 과정을 함께하는 요리를 고수했다.

큰 도시만 가면 한식을 먹을 수 있는 유럽인지라 맛 이상의 문화를 이해하기 위해서는 그 과정을 알아야 했다. 그래서 나는 짓궂지만 요리할 때 친구들을 최대한 부려먹었다.

여행이 끝난 후 핸드릭에게 연락이 왔다.

"그때는 몰랐는데 너와 칼국수 만들던 그 기억, 그리고 한국을 잊을 수 없다."

"나는 요리할 때 최대한 친구들을 부려먹었다."

 칼국수 만드는 에피소드

 핸드릭과 계속 만나게 되는 이야기

18

여기서부터 산티아고

오늘은 21킬로미터만 걷기로 했다. 부르고스에서 동혁이 형 덕에 알게 된 스페인 교포 셰프님을 만나기 위해서였다. 그의 식당이 다음 마을인 오르니요스에 위치해 있었고 요리 전공자인 나로서 지나칠 수 없는 기회였다.

'Neson'

셰프님 성이 손씨이기도 하고, 스페인어로 neson이 식당이라는 뜻이며, 손도장을 형상화한 식당 인테리어 이 세 가지 때문에 '네 손'이라 지었다고 하셨다. 가게 밖에 간판도 없어 아는 사람 아니고선 쉽게 찾아 올 수 없는 곳이었다.

소문으로만 들어서 내심 부푼 기대를 안고 식당에 방문했다. 하지만 내 상상과는 달랐다. 여덟 살 때부터 스페인에 사셔서 한국어가 서툴고 확실히 한국 사람과는 마인드 자체가 달랐다. 그는 술과 대마를 달고 살았고 주방이나 매장도 제대로 관리되지 않았다. 나의 가치관과 맞

왼쪽 _ 〈여기서부터 산티아고〉가 적힌 식당의 벽
오른쪽 _ 식당에 찍은 내 손도장

는 분이었다면 잠시 여행을 멈추고 배울 생각이었는데 그 계획은 무산
됐다.

"주변 신경 쓰지 마! 너를 위해 살아."

그래도 모든 사람에게는 배울 것은 있다고 했다. 자유분방한 영혼의
셰프님이지만 그의 마인드 자체는 배울 만했다. 지나치게 주변 신경을
많이 쓰는 우리나라 사람, 그리고 '나'에게는 그의 마인드가 신기하고
도 와 닿았던 순간이었다. 마음을 정리하며 걷자고 한 이 순례길도 어

느 순간 암묵적 규율이 나를 지배하고 있었다.

셰프님의 한마디와 식당 벽에 적힌 〈여기서부터 산티아고〉 시 하나
가 지금까지 걸어왔던 나의 길을 곱씹게 했다.

빠르지 않아도 괜찮아.
멈추어 있는 시간은 보여줄 거야.

흐르는 하늘색과 파도치는 금빛 갈대를
아프고 힘들어도 괜찮아.
시련이 없었다면 알지 못했을 거야.
나무 그늘의 응원과 햇살의 보듬어줌을.

비싼 시계가 없어도 괜찮아.
행복을 위해 내어줄 빛나는 시간을 가지게 되었음을.

기대했던 경험은 아니었지만 나 자신을 돌아보기에는 충분했던 시
간 결국 모든 상황은 바로 봄의 차이일 뿐이다.

 여기서부터 산티아고

19

나는 무개념 한국인?

어젯밤 엄청난 코골이 일명 '순례길 탱크 아저씨' 때문에 제대로 잠을 이루지 못했다. 뭐 탱크 아저씨가 아니더라도 요즘 잠을 자지 못하는 심정이지만. 아침부터 하늘도 우중충한 게 뭔가 불길한 예감이 들었다.

날씨가 더우면 태양을 가려주는 구름이 그립다가도 날씨가 흐려지면 일조가 안 좋다며 불평하는 간사함이란… 사람이 원래 그렇다.

그렇게 목적지에 도착했고 불길했던 촉은 역시나로 나타났다. 방문한 알베르게마다 모두 풀 부킹이었다. 부활절 기간 동안 단기 순례자가 급증하기 때문에 숙소 구하기가 하늘의 별 따기였다.

어느 알베르게를 먼저 가볼까 다른 순례자들과 눈치 싸움을 하며 한 시간을 헤맨 끝에 머리 뉘일 곳을 찾을 수 있었다. 전쟁이었다. 주방은 기대도 안 했고 머리 뉘어 잘 수 있다는 것에 감사했던 오늘이다. 불행은 여기서 끝나는 줄 알았는데 원래 안 풀리는 날은 또 더럽게 안 풀린다.

스티커 예시

당신의 그 미소가 좋아서

정말 설상가상의 하루를 맞이한다.

알베르게의 와이파이를 잡고 인터넷을 확인하는데 어떻게 된 영문인지 나의 SNS가 온갖 욕으로 테러당하고 있었다. 카미노를 시작하던 날 피레네산맥을 넘으며 표지판 한쪽에 스티커가 붙어 있는 것을 봤다. 마침 여행자 명함을 스티커 겸용으로 가져갔기에 별 생각 없이 나도 가끔 스티커를 붙였다.

그리고 오늘 카미노 한국인 커뮤니티에서 '한국인의 무개념 행동'이라는 글이 올라왔다. 표지판에 한국어로 '존나, 씨발 힘들다 등'의 욕을 쓰고, 전자레인지에 젖은 양말을 돌리고, 계란 껍질을 길에 버리는 사람들, 그리고 스티커를 붙이는 나의 사례까지, 이 이야기를 놓고 한바탕 설전이 있었다. 내 스티커는 명함으로 돼 있어 유일하게 신상이 공개됐고 모든 행동이 일반화되고 표적이 되어 내게 돌아왔다.

'무개념 한국인아 국위 선양하는 줄 아나?'
'너희 부모님이 그렇게 가르쳤나?'
'부끄러운 줄 알고 다른 나라 가서 그런 짓하지 마라!'
'난리 났으니까 카페에 사과 글 올려라!'

사실 나는 스티커를 안 붙인 지 1주일째였다. 무개념 한국인 글을 올린 분은 내게 사전에 메시지를 주셨다. 그리고 나는 카미노를 신성하게 생각하는 다양한 사람의 입장을 고려해 즉시 행동을 중단했다.

하지만 내 신상이 담긴 스티커는 아무런 제약 없이 공적인 장소에 공개됐고 나는 2만 명의 사람들에게 비난 대상이 됐다. 내가 잘했다고 생각하지 않는다. 실수도 잘못이고 나의 무지함이니까, 하지만 나를 욕하는 사람들은 나에 대해 얼마나 알며 깊은 정황을 알고 욕하는 것일까? 대부분의 사람들은 단적인 면만 보고 사람을 판단하고 정죄한다. 드러난 사실만을 믿을 뿐 그 자세한 정황은 상관치 않는다. 그 순간에 25년 살면서 가장 나쁜 사람이 됐고 가장 많은 욕을 먹었다. 며칠간 수많은 악플이 응어리가 되어 정말 힘들었다.

'나는 정말 무개념 한국인인가?'

그 정신적 박탈감을 감당할 수 없어 결국 해명 글을 남겼고 많은 분들이 사과 및 옹호의 글을 남겨주셨다. 그리고 나의 내면을 아는 내 옆에는 카미노 친구들이 있기에 그나마 빨리 마음을 추스를 수 있었다.

악플과 구설수에 시달리는 공인들의 마음을 조금이나마 이해할 수 있었던 아니 다시는 경험하기 싫은 순간이었다.

앞으로 사회에 나가면 수없이 부딪힐 상황이다. 옳은 일에도 사람마다 가치관의 차이가 있듯 반드시 겪고 넘어가야 할 부분일 것이다. 나는 당장 공인은 아니지만 요리하는 사람으로서 많은 사람 앞에 서고 평가받아야 되는 직업이기에 좋은 교훈으로 남을 것이다.

그래도 가끔은 이런 현실에 한국에 돌아가기 싫다. 한국 사람들은 남 일에 지나치게 관심이 많고 눈치를 많이 본다. 한국인으로서 감당해야 할 숙명이지만 싫은 건 싫은 거다.

걷는 중 쥐가 나서 아파하는 모습

다사다난 우여곡절 이게 내 여행이다. 쉽지 않은 여행이지만 이게 나를 더 단단하게 만드리라 믿는다.

남들이 뭐라고 하던 내가 부끄럽지 않은
그런 여행을 하자.

스티커 사건

다사다난 우여곡절 이게 내 여행이다.
쉽지 않은 여행이지만 이게 나를 더 단단하게 만드리라 믿는다.
남들이 뭐라고 하던 내가 부끄럽지 않은 그런 여행을 하자.

20

모든 것에는 이유가 있다,
단 사랑에는…

순례길의 종착지 '콤포스텔라'에 도착했다. 약 한 달간의 진한 여운이 쉬이 가시지 않았다. 길 위에서 만난 수많은 인연들이 내 머릿속을 빠르게 스쳐갔다.

그중 유독 보고 싶었는데 중반 이후 만나지 못한 아밀리아 할머니와 프랭크 할아버지가 떠올랐다. 연락처를 주고받지 못했고 제대로 된 작별 인사를 나누지 못해 더욱 아쉬웠다.

추억을 뒤로한 채 한 달간 고생한 나를 위한 보상으로 출발지 생장에서 만난 인연들과 숙소를 잡아 거하게 파티를 했다. 통돼지 오븐구이, 껍데기볶음, 해물탕 등 그리고 예거부터 와인, 맥주, 돈 훌리오 블랑코까지….

불타는 밤을 보냈고 다음날 따스한 햇살이 아닌 호스트가 두드리는 문소리에 잠에서 깼다. 일어나기 힘들었다. 인생 최악의 숙취였다. 머리부터 발끝까지 온몸이 쑤셔왔다. 오늘 오전 버스로 바다가 있는 묵시

콤포스텔라에서 운명적으로
만났을 때 찍은 사진

아에 가려고 했는데 결국 버스 티켓을 날려버렸다.

그렇게 숙소를 옮겼고 반나절은 숙소에서 끙끙 앓았다. 몸을 가눌 수 없을 정도로 아파오니 내가 한심하고 자책이 몰려왔다. 해가 저물어서야 무거운 몸을 이끌고 장을 보러 나왔다. 근데 익숙한 높이의 백발 신사 한 명이 내 눈가에 들어왔다.

맙소사… 프랭크 할아버지였다. 너무나도 반가운 마음에 그에게 달려갔다. 그를 껴안고 아밀리아 할머니는 어디 갔냐고 물었다. 얼마 지나지 않아 아밀리아 할머니가 왔다. 우리는 눈물의 상봉을 했고 그들의 얘기를 듣는데 정말 신기하고 놀라웠다.

그들은 덴마크로 돌아가기 위해 공항 버스를 기다리는 중이었고 아밀리아 할머니가 깜박하고 호텔에 안경을 두고 와 다음 버스를 기다리는 중이라고 했다. 그 말을 듣고 원망스러웠던 어제의 하루가 조금씩 이해가 갔다. 컨디션이 좋아 오늘 아침 묵시아로 떠났더라면, 몸이 상태가 좋지 않아 어스름이 진 저녁에서야 숙소를 나오지 않았더라면, 아밀리아 할머니가 호텔에 안경을 놓고 오지 않았더라면…. 모든 것에는 이유가 있었다. 단, 하나 사랑만 빼고.

"이유 없는 사랑 – 아밀리

아밀리아는 내게 정말 특별한 존재였다.

우연찮게도 그녀는 항상 내 침대 옆자리였다.

나를 보면 환하게 미소 지으며 나를 반겨주었고

볼 때마다 특별한 이유 없이 나를 따뜻하게 안아주셨다.

유난히도 포근했고 나의 지친 마음에 안정을 주었던

순례길에서만 받을 수 있는 이유 없는 사랑.

2017년 부활절이 가까워진 젊은 날의 어느 때였다.

지쳐 쓰러져도 나를 걷게 하는 이곳은 바로 산티아고이다."

노부부에게 요리해주는 이야기

콤포스텔라에서 상봉하게 된 이야기

21

아들은 앞을 보며 걷잖아

도착을 100킬로미터 앞두고 엄마뻘 되는 아주머니 한 분이 점심을 사준 적이 있다. 그분은 16박 18일 순례길 패키지 상품을 이용해 순례 길을 걷고 있었다. 무려 600만 원짜리였다. 숙소는 호텔이었고 매일 버스가 당일 걸어야 할 코스에 내려준다. 그리고 일정 거리마다 버스가 대기하고 있어 필요한 물품을 그때그때 조달할 수 있으니 별도의 배낭을 맬 필요도 없었다.

나는 80만 원도 안 쓰고 거의 한 달을 걷고 있는데 가난한 순례자로서는 그저 신세계였다. 부럽기도 했지만, 사실 순례길을 600만 원이나 주고 걷는다는 점은 비판적이었다. 하지만 아주머니의 이야기를 듣고 나서 그분의 여행을 이해할 수 있었다.

"어릴 때 결혼해서 집안일하고 아이들 뒷바라지하느라 나만의 시간이 없었어. 그래서 아들처럼 젊을 때는 여행은 꿈도 못 꿨지. 지금은 나이를 많이 먹었지만 트래킹을 좋아해서 전 세계에 유명 트래킹 코스를

앞을 향하는 화살표에서 찍은 사진

돌아다니고 있어. 아들처럼 멋진 여행은 아니지만 난 지금이 정말 신나고 행복해. 지나온 과거를 돌아보면서 걸을 수 있거든. 그래도 하나 부러운 건 아들은 앞을 보며 미래를 향해 걷고 있잖아? 그러니까 앞으로도 처음의 그 소신 가지고 멋지게 여행해야 돼, 아들?"

10일 동안 유럽 7개국의 랜드마크 패키지 여행을 하면 어떠하리. 어떤 것이 더 가치 있는 여행이라 평가할 수 있을까? 자신이 행복하고 만족한다면 그 방법은 중요하지 않다. 나는 아직 고생하는 여행이 좋으니까, 이때만 할 수 있는 거니까.

'나의 행복을 찾는 법은 생각하기 나름이고 받아들이기 차이야. 나는 미래를 보고 걷고 있잖아. 더 힘내고 걷자!'

여태 걸어왔던 카미노를 포함한 내 과거를 돌아보고 다시 미래를 내다볼 수 있는 값진 시간이었다.

이게 여행의 매력인 것 같다. 나와 전혀 다른 현실에 사람을 남녀노소 불문하고 만날 수 있다는 것, 그리고 그들만의 살아 있는 이야기를 들을 수 있다는 것이 정말 좋다.

"여행의 정답은 없다.
내가 행복하면 그거면 됐다."

아들은 앞을 보며 걷잖아

22

네, 당신들도 걷고 있는 그 길입니다

누구도 깨지 않은 적막한 새벽, 무거운 몸을 일으켜 배낭을 쌌다. 아마 지금 순례길을 걷고 있는 모든 사람 중 가장 빨리 일어나는 사람은 '나'일 것이다. 피곤해서 몸을 다시 뉘일까 수십 번 고민했지만 언제 찾아올지 모르는 이 순간을 위해 힘을 다해 몸을 일으켰다.

오늘은 피레네산맥 다음으로 높은 고지대 '오 세브레이오' 알베르게에 묵었다. 올라올 때 정말 힘들었지만 청명하고 탁 트인 하늘이 눈을 정화시켜준 덕에 힘내 올라올 수 있었다.

언제부턴가 여행 중 날씨가 좋은 날이면 새벽에 일어나는 버릇이 생겼다. 세상의 모든 인위적인 소리와 빛이 사라지고 오직 밤하늘과 나만의 시간을 가질 수 있기 때문이었다. 나는 전날 지언이와 현아 누나를 꼬드겨 함께 새벽에 나가기로 했다. 아무리 좋은 것도 혼자 보면 그 의미가 퇴색되기 마련이니까. 그렇게 천근만근한 몸에 배낭을 얹어 밖으로 나왔다.

"우와… 아… 음….."

왼쪽 _ **직접 찍은 은하수**
오른쪽 _ 은하수와 카미노 글씨

　문을 나서는 순간 어깨를 짓누르던 모든 피로함은 사라져버렸다. 그
저 감탄사밖에 나오지 않았다. 달이 지고 주변 보조등조차 꺼진 적막한
새벽 온 우주가 우리를 반겼다. 쏟아지는 별과 한 번도 두 눈으로 직접
보지 못했던 은하수까지…. 지난 여행 사하라 사막에서 봤던 별 이후
정말 최고의 순간이었다.

　내 작은 하이 엔드 카메라로 이 광경을 담을 수 있을까 걱정을 했었
는데 지난 1년간 트래블리더라는 기자단 활동을 하며 형들에게 어깨
너머로 배운 사진 기술이 빛을 발했다. 우리는 추위에 떨면서도 동이
틀 때까지 약 세 시간 동안 멍하니 하늘과 대면했다.

　그리고 아침, 길에서 만나는 사람 모두에게 우리가 본 밤하늘 사진
을 자랑했다. 대부분의 사람들은 사진을 보여주면 이게 우리가 걷고 있
는 길이 맞냐는 의문을 가지며 되물었다.

네, 당신들도 걷고 있는 그 길입니다.

우리는 정말 아름답고 소중한 것을 가까이에 두고도 저 먼 이상향만 쫓아가는 경우가 많다. 조금만 주위를 살펴보면 아름답고 소중하며 지켜야 할 것들이 정말 많은데 말이다.

이 길을 걸으며 힘들고 어려웠던 순간부터 실수라고 생각했던 선택들까지 모든 것이 모여 바로 오늘 이 순간을 만들었다. 말도 안 되는 일은 내가 하고자 비로소 도전하며 시작할 때 소리 없이 찾아온다. 바로 지금 이 순간처럼. 그저 행운 같지만 사소한 조각들이 모여 만든 지금이다.

 당신들도 걷고 있는 그 길입니다

23

희로애락

함께 걷고, 먹고, 자고
때론 울고, 웃고, 공감하고
하루의 시작과 마무리를 함께한다.
전우애가 생긴다.

몸으로 같은 것을 느끼기에
말이 통하지 않아도 괜찮다.
서로의 언어로 하소연하고
때론 감탄도 한다.

그렇게 어느새 우린
서로를 신뢰한다.
친구가 된다.

어떤 친구는 내 요리를 먹어 보기 위해
평생 베지테리언이라는 타이틀을
잠시 내려놓는다.

믿음, 네가 만든 거라면 오늘은 고기라도 먹어볼게.

희로애락

'부엔 카미노' 그 한마디의 힘

유난히도 슬퍼보이던 새벽녘의 묵시아 항구, 나와 가장 많은 시간을 함께했던 인연 지언이도 순례길을 떠났다. 원래 바다가 보이는 한적한 이 마을에서 하루 이틀 더 지내며 생각을 정리할 계획이었다. 하지만 울적해진 마음 탓인지 아무것 눈에 들어오지 않았다. 혼자 생각할 시간이 많아지면 자꾸만 그때 생각이 났다. 가슴이 답답하고 죽을 것 같았다.

공허한 마음을 달랠 수 있는 건 단 하나뿐이었다.

'다시 걷기'

알베르게 숙박 연장을 취소하고 오전 9시가 다 되어갈 무렵 배낭을 여며 알베르게를 나섰다. 프랑스 길의 피날레라고 하는 피니스테레로 가는 일정이다. 묵시아부터 피니스테레까지는 약 35킬로미터 해변을 끼어 걷는다. 길이 정말 예뻐서 '천국의 길'이라고 불린다.

하지만 내게는 그다지 천국의 기분이 느껴지지 않았다. 저 멀리서 들려오는 바닷소리가 오히려 고독을 부른달까? 마음의 적적함을 털어 내기 위해 끊임없이 내게 물었지만 답이 나오지 않았다. 그렇게 헷갈리는 상황을 해결해준 한마디가 있었다.

"올라, 부엔 카미노! 부에노스 디아스!"

콤포스텔라에 도착하고 한동안 듣지 못했던 말, 바로 이거였다. 사람들이 활짝 웃으며 내뱉는 한마디 '부엔 카미노'가 멈춰 있던 내 심장을 다시 뛰게 했다.

그래 카미노의 의미는 내가 길 위에 있는 이 순간 비로소 느껴지는 거야!

피니스테레 마을에 도착하고 0킬로미터 지점까지는 6킬로미터 왕복을 해야 했다. 알베르게에 가방을 두고 갈 수도 있었지만 마지막 지점까지는 한 달간 함께했던 내 짐을 내려두고 싶지 않았다.

해안길을 따라 40분쯤 걸었을까 조금씩 끝이 보이기 시작했다. 대부분 배낭을 두고 가는데 힘겹게 배낭을 지고 가는 나를 보고 사람들이 파이팅을 외치며 엄지를 치켜 세워줬다. 힘이 났다. 약 100미터 앞둔 지점에서 사람들은 말했다.

"Almost almost! More more!"

0킬로미터 지점에 도달하는 순간 이런 축하를 받아도 되는지 모르겠지만 사람들이 어깨를 토닥이며 나를 안아주며 축하해줬다. 그리고 800킬로미터 넘게 걸은 사람과 사진을 찍고 싶다며 한순간 연예인이 된 듯 사진도 찍어줬다.

"'0' 킬로미터"

비로소 프랑스 길의 종지부를 찍었다. 가방을 내려놓고 맥주 한 잔을 들이키는데 40일간의 카미노가 주마등처럼 스쳐갔다.
'즐거웠고 행복했고, 단언하건대 최고의 선택이었다.'
프랑스 길은 끝났지만 아직 내 카미노는 끝나지 않았다. 콤포스테라로 돌아가 포르투까지 약 300킬로미터를 더 걷는다.
포르투갈 길은 내가 생각했던 카미노와 또 다를 수도 있지만 조금 더 느껴보고 싶다. 살아있음을 조금 더 느끼고 싶다.

"안녕 프랑스 길 :) Adios!"

부엔 카미노

당신의 그 미소가 좋아서

▲ 0킬로미터 비석 앞에서
◀ 순례길의 끝이라는 피니트테라 종착지 0킬로미터 비석

행복해지는 물
Camino Life's begin

"오, 코리안 셰프? 너 아직 안 떠났구나! 옆에 앉아도 될까?"

순례길 인연들을 다 떠나보내고 적적한 마음으로 콤포스텔라에서 무료한 생활을 한 지 나흘째 되는 날이었다. 제레미는 내 앞에 앉아 'Happy water'라며 초록색 병 하나와 잔 두 개를 꺼냈다.

바로 소주였다. 정말 소주 병 한쪽에 영어로 'Happy water'라는 문구가 적혀 있었다. 내가 피식 웃자 제레미는 자지러지며 리액션을 해줬다. 한국 친구가 선물해준 걸 깜빡하고 냉장고에 두고 가서 찾으러왔다는데… 내가 우울해 보여서 행복하게 만들어주고 싶어졌다고 했다.

제레미는 순례길 막바지쯤 알게 된 친구였는데 너무 늦게 만난 탓일까 밥 한 끼를 함께하지 못해 아쉬운 친구였다. 근데 이렇게 다시 만나다니 그것도 소주와 함께!

그는 해피 바이러스를 가진 유머러스한 친구였고 짧은 영어였지만 소주 한 병을 마시며 두 시간을 이야기했다. 30분이 넘어가자 영어 대

위 _ 소주를 마시는 제레미와 나
아래 _ 제레미

화는 고통이었지만 나를 반겨주는 누군가가 있다는 자체가 나의 우울
함을 녹여줬다. 오늘만큼 내게 소주는 정말 행복해지는 물이었다 정말
달았다. 예상치 못한 만남과 전개. 난 이래서 여행이 좋다.

비빔국수 완성 사진

제레미에게 고마운 마음에 내일 그에게 한식을 해주기로 약속하고 우린 헤어졌다. 사람으로 인한 슬럼프는 그렇게 또 다른 사람으로 잊힌다.

"내일은 내가 너한테 행복을 선물할게."

제레미는 페스코 베지터리언이었다. 또 고기 없는 한식을 만들어야 한다. 내가 육식파여서 그런지 항상 채식 위주에 메뉴 구성은 어렵다. 진짜 한국에 돌아가면 채식에 대해 조금 더 연구해봐야겠다.

날씨도 더워지고 기력도 떨어지는 스페인의 여름, 이맘때쯤 한국에서 많이 먹는 메뉴를 떠올리다가 '비빔국수'가 생각났다. 마침 근처에 오리엔탈 마켓이 있었고 국수와 김치를 공수할 수 있었다. 비빔밥은 먹어봐도 비빔국수를 먹어본 외국인은 드물기에 적합한 메뉴였다.

김칫국물을 베이스로 해서 고추장, 간장, 참기름, 케이언 페퍼, 그리고 기타 등등의 조미료를 조합해 소스를 만들었다. 고명으로 다진 김치, 오이, 적양파, 사과, 토마토, 삶은 달걀을 준비했다.

한국 음식에 자주 활용되는 오방색을 알려주기 위해 색의 조화도 신경 썼다. 그는 처음 보는 색의 조화와 정갈함에 놀랐고 만드는 과정을 신기한지 유심히 쳐다봤다.

국수가 완성됐고 배낭에 있던 젓가락을 가져와 선물로 줬다. 그리고 젓가락질도 알려줬다.

"국수를 비롯해 한국 음식은 젓가락을 써야 먹기 쉽고 편해, 다음에 볼 때는 능숙하게 하길 바랄게, 제레미! 그래서 선물로 주는 거야, 연습해."

제레미는 매콤, 달콤한 시원한 국수가 자기 스타일이라며 한 그릇을 뚝딱 비웠다. 누군가 내 요리를 남김없이 맛있게 먹어줄 때 가장 큰 희열을 느낀다.

그렇게 그와 3일을 함께했고 그의 해피 바이러스가 이별에 대한 갈증을 날려줬다. 그는 내가 준 스티커를 크리덴셜 마지막 도장 칸에 붙이며 "너를 끝으로 순례길을 마무리하고 의미 있게 기억하겠다"라고 말하고 순례길을 떠났다.

아직도 산티아고를 떠나지 못하고 있다. 뭐 갈 때 되면 가겠지만 우선 지금을 조금 더 즐겨야지.

"제레미 너에게 순례길은 뭐였어?"
Camino is Life's begin.
순례길은 인생의 또 다른 시작이다.

제레미에게 요리해주는 이야기

26

사람을 걷는다,
사람 때문에 걷는다

나의 순례길 수셰프 핸드릭을 다시 만났다. 걸음이 느렸던 히피 핸드릭은 내가 도착한 지 5일이 지나서야 콤포스텔라에 도착했다. 포르투갈 길을 준비하느라 일주일 동안 콤포스텔라에서 쉬고 있던 탓에 많은 인연들과 재회할 수 있었다.

벌써부터 더 걷기로 한 내 결심이 잘한 것 같았다. 핸드릭은 나중에 내가 한국에 레스토랑을 차리면 자신을 불러 직원으로 꼭 채용해달라고 부탁할 정도로 나에 대한 애정과 한국에 대한 관심이 있는 친구였다. 나도 정이 많이 들었던 친구이기에 이별하기 전 뻔한 한식 말고 쉽게 접하기 힘든 레시피를 알려줘야겠다는 생각이 들었다.

바로 한국 전통 디저트 바로 '모약과'였다. 저울도 없고 체도 없고 기구와 환경이 열악했지만 환경에 맞춰 최대한 비슷하게 경험하도록 해줬다.

"밀가루, 참기름, 소주를 넣고, 칼로 자르듯 섞고, 층이 뭉개지지 않

위 _ 비건 파스타
아래 _ 크리스티아나의 기타 연주

약과 반죽 사진

게 반죽을 뭉쳐. 그리고 약불로 기름에서 켜를 일으켜주고, 센 불에서 색을 내면 돼. 마지막으로 미리 만들어놓은 시럽에 즙청해주면 완성이 야."

핸드릭을 비롯한 친구들이 맛있게 먹어줬다. 한국의 디저트를 알려 줬다는 게 내심 뿌듯했다. 핸드릭은 보답으로 내가 정말 좋아했던 존맛 탱 비건 파스타를 다시 해줬고 마지막 날 우리는 저녁 옹기종기 나눠 먹었다. 그리고 후식으로는 약과에 엄지를 치켜들어주던 크리스티아나 가 달콤한 기타 연주와 노래로 보답해왔다.

사람을 걷는다

27

마지막 완주자

끝나지 않을 거 같은 이 길도 끝이 있었으니 바로 오늘이었다. 마지막 완주자 '조지'가 콤포스텔라에 도착하는 날이었다. 사실 일면식밖에 없는 친구지만 인연에 인연을 타고 그녀를 함께 맞이하게 되었다. 하루에 20킬로미터 이상은 걷지 못해 다른 일행들보다 많이 뒤처졌었지만 그녀의 일행들은 그녀가 완주할 때까지 6일을 콤포스텔라에서 기다렸다.

"뒤에서 밀어주고 앞에서 기다려주는 친구들이 있기에 순례 길이라는 게 힘들고 지쳐도 걸을 수밖에 없게 한다."

대부분의 사람들은 순례길을 시작하기 전 다른 사람과 어울리지 않고 고독의 시간을 가지며 극한의 상황 속에서 새로운 변화를 꾀하려고 한다. 동행이 생기고 편해지면 본질이 흔들리는 것 같아 모든 걸 차단하고 굳이 다시 역경 속으로 들어가려 한다.

위 _ 마지막 완주자 조지가 도착하고 우는 모습

아래 _ 콤포스텔라 대성당 앞에서 누군가를
기다리는 아이

129

하지만 걷다 보면 느낄 것이다. 순례길은 고독의 레이스가 아니라는 것을 '부엔 카미노'라는 말에서도 느껴지듯 서로의 부족한 점을 채워주고 지친 이에게 힘을 실어주며 함께 사는 법을 배워가는 곳, 그것이 내가 느끼는 순례길이었다. 굳이 고독을 찾지 않아도 언젠가는 고독이 찾아오고 인연을 찾는다고 해서 언제나 인연이 곁에 머물러 있지 않듯이 순례길은 다가오는 그 순간을 있는 힘껏 끌어안고 느껴야 한다.

순례길을 다시 온다 한들 지금 이 순간과 상황 그리고 인연들은 한 번뿐이니까, 이 작은 한 달짜리 인생을 힘껏 끌어안아야 하는 이유다.

조지가 콤포스텔라로 도착한 순간 모두가 눈물로 그녀를 맞이했다. 그리고 우리는 비로소 순례길의 일정이 마무리되었음을 직감하고 몸과 마음의 짐을 내려놓는다.

내게 40일간의 순례길은 하나의 작은 인생, 즉 '삶'이었다. 오늘 만나고 헤어지는 인연이 아닌 지속적인 길을 함께하는 인연 조금 더 특별하다면 국경의 벽 없이 전 세계 친구들과 함께한다는 것이다.

순례길 모든 순간이 소중하고 특별했기에 그렇게 마지막 완주자 조지를 끝으로 우리는 각자의 자리로 돌아갔다.

"서두르고 조급해하지 마, 그 길에 끝에는 우리가 있을 테니까."

마지막 완주자

당신의 그 미소가 좋아서

28

역주행의 묘미

"프랑스, 스페인 그리고 포르투갈까지 오직 두 발에 의지해 약 1,100킬로미터, 3개국의 국경을 넘나드는 여정. 나는 이제 포르투를 향해 걷는다."

콤포스텔라에서 휴식 후 다시 걸을 생각에 걱정이 앞섰지만 프랑스 길에서의 소중한 추억들을 생각하니 설렜다. 걷다가 먹을 삶은 계란과 소금, 바나나 그리고 생명수도 챙겼다. 이 또한 소소하지만 순례길의 재미 중 하나다.

설렘도 잠시 불과 몇 주 전만 해도 눈보라와 싸우며 얼어 죽겠구나 했었는데 이젠 더워 죽을 것 같았다. 섭씨 30도를 웃도는 더위와 나무 하나 찾기 힘든 거리 또한 본래의 길을 역행하는 경로여서 길을 찾기가 힘들었다.

그렇게 지친 몸을 이끌고 알베르게에서 홀로 저녁을 먹고 있는데 옆 테이블에 한 호주 친구가 말을 걸었다.

"Hey friend, can you join us? Because here is camino!"

마다할 이유가 없었다. 7~8명의 외국인 사이에 끼는 게 조금 부담 스러웠지만 여행지에서는 이상하게 용기가 난다.

이제야 진짜 순례길에 돌아온 것 같았다. 이들과 함께하며 흥미로웠던 점은 나는 이제 막 포르투갈 길을 시작하지만 그들은 끝을 앞두고 있다는 것이다. 내일이면 콤포스텔라에 입성하는 그들은 자축하는 분위기였고 신나 있었다. 반면 나는 내일도 걷고 앞으로 그들이 걸어왔던 길을 따라 며칠을 더 걸어야 하기에 밤새 그들과 함께 파티를 즐길 수 없었다.

그래서 포르투갈 길에서 만나는 인연은 우연히도 다시 만나기 힘든 하루짜리 인연이라는 것이다. 아쉽기도 했지만 이것 또한 새로운 경험이자 매력이 된다.

아이러니하게도 나보다 그들이 더 아쉬워했다. 자신들과 같이 콤포스텔라로 가자 나를 설득했다. 왜냐하면 나의 한식이 먹어 보고 싶다며! '하루짜리 인연'이지만 이젠 "나중에, 다음에 해줄게"라는 말이 통하지 않는다. 지금 이 순간 하루 안에 내 모든 것을 보여줘야 한다. 짧은 시간을 최대한 활용해 나를 표현하고 보여주는 것, 이번 길을 걸으며 풀어야 할 숙제이다.

예상하건대 포르투갈 길도 느낌이 좋다. 나는 그냥 이 길이 좋다.

 역주행의 묘미

노란 화살표 반대로 놓여 있는 발

29

하루짜리 인연

순례길의 상징인 노란 화살표는 '콤포스텔라' 한 방향을 가리킨다. 나는 콤포스텔라부터 포르투로 역행 중이기 때문에 이정표의 흐름을 읽기 어렵다. 그래서 가끔 길을 잃기도 한다. 하지만 역행만의 장점도 있다. 정방향으로 걸을 때는 순례자의 뒷모습을 보고 걷지만 역행은 얼굴을 마주보며 걷고 인사할 수 있다. 또한 흔치 않은 역행이기 때문에 많은 순례자의 관심을 받고 굳이 나를 세워 왜 거꾸로 걷는지 물어본다.

즉, 더 많은 사람과 이야기할 수 있는 기회가 생긴다는 것이다. 하지만 그 순간을 지나면 엇갈려버리기에 다시 마주칠 가능성이 거의 없다는 맹점도 존재한다. 그래서 오늘도 많은 사람을 만났지만 알베르게에 도착했을 때는 또 낯선 순례자들뿐이었다.

알베르게에 도착하자 비가 억수 같이 쏟아졌다. 알베르게가 외곽에 위치해 있는 데다가 마침 시에스타 시간이라 음식을 사 먹을 수가 없었다. 아침도 못 먹어서 굶주린 배를 쥐고 멍하니 창가를 바라보고 있는데 한 아주머니가 내 앞에 앉아 빵을 내미셨다. 이름은 헬렌이고 호주 사람이라고 했다. 어떻게 내가 배고픈 걸 알았는지… 헬렌 켈러가 따로 없었다. 빵을 인연으로 왜 역행을 하게 되고, 이 길을 걷고 있는지 등에 대한 담소를 나눴다.

먼저 손길을 내밀어준 고마운 헬렌에게 보답을 하고 싶었다. 원래 프랑스 길이었다면 "다음에 만나면 요리를 해줄게!"라는 기약이나 핑계가 통했지만 이곳의 대부분의 인연은 나와 엇갈려 걷는 하루짜리 인연이라 미룰 수 없었다.

닭 요리를 좋아한다던 헬렌에게 당면을 넣어 안동찜닭을 만들어줬다. 간장 양념이지만 비도 오고 해서 스페인 고추를 넣어 나름 칼칼하게 맛을 냈다. 헬렌은 혀를 내밀며 매워했지만 한국 스타일이라고 하니 국물에 밥까지 비벼서 싹싹 먹어줬다. 엄마 같은 그녀의 미소가 정말 좋았다. 식사 후 맥주 한 잔을 기울이며 헬렌에게 이야기했다.

"저 사실, 정말 아쉬워요. 이 또한 매력이라지만 아무리 좋은

위 _ 잡채
아래 _ 찜닭

사람을 만나도 하루 만에 떠나 보내야 하잖아요. 아주머니도 그렇고
…."

아주머니는 답했다.

"믿음, 그래도 이것도 정말 좋은 경험이 될 거야. 너에게 시간은 하루로 한정되어 있지만 그만큼 그 사람을 알아가기 위해 더 집중하고 노력하게 되잖아! 사람의 인연이라는 게 하루가 될지 1년이 될지는 하늘만 아는 거니까."

그 후 도착까지 10일이라는 짧은 기간 동안 잡채, 쇠고기덮밥, 고구마맛탕, 보쌈 등 많은 요리를 했다. 오늘이면 헤어지는 인연이지만 짧은 시간 안에 한국의 좋은 기억을 선물하고 싶어서.

"하루밖에 없는 것처럼 행동해보자.
소중한 시간, 더 이상 미루지 말자.
길 위의 하루짜리 인연이 알려준 교훈."

하루짜리 인연

30

사랑할 수 있을 때 사랑하라

오늘부로 1,000킬로미터의 고지를 돌파했다. 고로 끝이 얼마 남지 않았다는 것이다. 끝을 앞둔 이 순간에도 시작 때와 같은 질문을 내게 던진다.

'나는 왜 이 길을 걷고 있을까?'

아름다운 해안길을 걷고 있다가도 어깨를 짓누르는 배낭의 무게와 뜨겁게 내리쬐는 태양 그리고 사무치는 고독이 더해지는 순간이면, 사실 눈에 풍경이 보이지 않는다. 그저 이 악물고 목적지를 향해 걸어갈 뿐이다.

고통도 내가 순례길을 걷는 이유 중 하나지만 이쯤 되니 충분한 거 같다. 순례길에서 약 두 달째, 더 이상 이 길에서 찾을 의미가 없다는 생각이 들었다. 충분하다. 순례길도 이제 보내줄 때가 왔나 보다.

'박수칠 때 떠나라'라는 말처럼 가장 좋을 때 미련 없이 내려놓는 것도 좋지만 나는 예외였다. 포르투갈 길 걷기를 강행했다.

"사랑할 수 있을 때, 사랑하라."

일상에 있어서도 연애에 있어서도 나는 항상 미래를 바라봤다.

'아직은 너무 과분한 걸 더 공부한 뒤에 도전해봐야지. 표현도 아껴야지. 지금 다 보여주면 내가 질려버릴걸?'

나중에 더 능력이 갖춰지고 여건이 될 때 지금보다 훨씬 더 잘해주고 더 사랑할 수 있을 날만 상상했었다. 하지만 결국 여건이 갖춰지는 순간 도전의 기회조차 사라져버렸다. 아마 이런 내 모습이 파리의 악몽을 야기했을 것이다.

타이밍이란 그 순간은 지나가면 영영 돌아오지 않는다. 그게 일상 속에 도전이든 사랑이든 간에. 순례길이 좋아졌고 또 다시 와야겠다는 생각이 들었다. 다음번에는 외국어 능력도 갖추고, 체력도 더 기르고, 예산과 기간도 넉넉하게 와야지!

왼쪽 _ 이제 그만 걸어도 되겠다라는 느낌   가운데 _ 자주 발목이 접질렸던 모습   오른쪽 _ 만신창이 다리

'하지만 그 모든 조건이 갖춰졌을 때 나는 이곳에 다시 올 수 있을까? 지금만큼 좋고 더 사랑할 수 있을까?'

조금은 부족하고 서툴러도 사랑할 수 있을 때 더 사랑하고 싶었다. 그래서 더 걷기로 결심했고 이제 목적지를 코앞에 두고 있다.

그리고 충분히 사랑해본 지금, 이제 미련 없이 떠나보낼 수 있을 것 같다. 여느 노래에 가사처럼 후회 없이 사랑했노라 말하며, 후회 없이 사랑했고 이제 맘 편히 보내줄 수 있을 거 같다.

 사랑할 수 있을 때 사랑하라

31

각자의 속도

프랑스 길 첫날, 시작이었지만 최대의 고비였던 피레네산맥을 넘을 때가 생각난다. 검은색 군모를 깊게 눌러 쓰고 자신의 키보다 큰 붉은색 배낭을 짊어진 채 힘겹게 피레네를 오르던 소영 누나의 모습.

유난히 페이스가 느려 함께 걸은 적도 별로 없었고 과연 완주할 수 있을까조차도 의아했었는데, 그 흔한 짐 보내기 한 번 하지 않고 버스도 타지 않은 채 프랑스 길을 완주했고 나와 함께 포르투갈 길까지 결

소영 누나

국 완주해냈다. 남들보다 체력이 약하고 조금은 느렸지만 한 번 마음먹은 목표는 자신만의 속도로 끝까지 해내는 그런 누나였다. 어스름이 질 무렵이면 알베르게에 들어오던 누나의 모습이 아직도 선하다.

사람들이 내 능력을 의심했고 나조차도 나 자신을 의심했지만 간절한 마음으로 지속하다보니 '나'라는 사람도 결국 완주해 있었고 이렇게 여행하고 있다.

"당장은 느려보여도 조급해하지 말자."
"나만의 속도로 꾸준히 걷자. 마침내 그 꿈에 닿을 때까지"

"마지막 순례길 인연을 떠나보내며. 정말 고마웠어, 나의 순례길아.

각자의 속도

32

22킬로그램의 배낭

내 배낭에는 항상 태극기가 달려 있었다. 뭐 국위 선양을 위해서는 아니고 중국인이나 일본인으로 우선 판가름 되는 것이 싫어서였다. 그렇게 태극기와 함께 약 한 달간 요리하며 걷다보니 태극기는 나만의 표식이 되었고 내게는 '코리안 셰프'라는 별칭이 붙여졌다. 그리고 외국인 친구들 사이에 소문이 하나 퍼졌다.

"배낭 뒤에 태극기를 달고 다니는 동양인을 보면 그가 묵는 알베르게로 따라가라 그러면 그에게 한국 음식을 거하게 대접받을 수 있다."

실제로 순례 중반부터 많은 친구들이 태극기를 통해 나를 알아봤다. 그리고 오늘은 어디서 묵을 거냐고 자신들도 한식이 먹어보고 싶다며 내게 끝없는 추파를 보냈다.

순례길에서 첫 요리 보쌈, 된장찌개

순례길에서 약 한 달 동안 한식을 만들 수 있었던 이유는 한국에서부터 공수해간 10킬로그램 이상의 식재료였다. 순례길 권장 남자 배낭 무게는 12킬로그램 이하이지만 나의 배낭의 무게는 22킬로그램이었다. 수치에서 보이듯이 처음에는 오기였다. 역시나 쉽지 않았고 사람들도 미쳤다며 무게를 줄이라고 했다.

나도 알았다. 그래서 매일 배낭을 비우려고 노력했으나 옷은 버려도 식재료는 쉽게 버릴 수 없었다. 조금이라도 한국에 가까운 맛을 내고 싶은 마음이었다.

순례길 초반, 샤워 후 거울을 보면 어깨에 멍 자국이 선명했다. 그리고 군대에서도 아픈 적 없던 무릎에 이상 신호가 왔다. 절뚝거리며 걷는 나약한 내 모습을 자책하기도 했다.

하지만 내 요리를 먹고 행복해하는 사람들의 얼굴을 볼 때마다 그 통증은 거짓말같이 사라졌다. 그래서 찾아낸 최선책은 최대한 빨리 더 많은 사람에게 요리를 해줘 배낭의 무게를 줄이는 것이었다.

그렇게 나는 22킬로그램의 배낭을 매고 결국 1,100킬로미터의 순례길을 완주했다. 또 다시 22킬로그램의 무게를 지고 걸으라면 솔직히 두 번은 못할 것 같다.

하지만 순례길의 끝에서 22킬로그램을 지고 걷기를 잘했다는 생각이 들었다.

'만약 10킬로그램의 배낭이었다면 열 명의 친구가 생겼겠지만 22킬로그램의 배낭을 매서 스물두 명의 친구를 만들 수 있지 않았을까?'

22킬로그램의 배낭

145

지금 하거나 평생 하지 말거나 나중에 대한 확신을 갖지 말자.
지금 아프리카에 와봤으니 평생 후회는 없다.

3

돌아오지
않는 이 순간을
위하여

아프리카,
인도 & 네팔

요리에 흥미를 잃어가고 있던 대학교 1학년 2학기, 자취방에 무료하게 누워 〈힐링캠프〉라는 프로그램을 보고 있었다. 누군가의 속사정을 들어주는 것만으로도 치유가 될 수 있다니 요리를 하는 사람으로서 뭔가 강하게 와 닿았다.

'나도 누군가에게 힐링을 줄 수 있는 사람이 될 수 있지 않을까?'

당장은 유명인도 아니고 방송을 할 수 있는 것도 아니지만 지금 할 수 있는 만큼 그 정도부터 해봐야겠다는 생각이 들었다. 그리고 머지않아 룸메이트였던 고등학교 친구 현우와 자취방을 꾸몄고 〈힐링키친〉이라는 프로그램을 구성했다.

자의적으로 시작한 인생 첫 프로젝트였다.

1. 힐링이 필요한 대상 선정 & 초대장 발송
2. 게스트 취향 파악 메뉴 계획, 사전 질문 준비
3. 요리 대접 및 평가, 속마음 Talk, 행운의 점 봐
   주기
4. 역대 게스트와 연말 파티 개최하기

그럴듯하게 만든 우리만의 틀이었다. 정말 단순하고 어떻게 보면 같잖아 보일 수 있지만 노력한 만큼 정말 의미 있는 경험이 됐다. 1년간 10회에 걸쳐 〈힐링키

옥탑 프로젝트

친〉을 진행했고 많은 친구들에게 우리의 요리로 행복을 선물하고 다양
한 사연도 들을 수 있었다.

파벌과 부상으로 축구 선수를 포기했던 이야기, 어린 나이에 가장
이 되어버린 삶, 누구에게도 털어놓지 못했던 가정의 불화 등 밖에서
는 나올 수 없는 우리만의 공간에서의 진솔한 이야기가 있었다. 힐링

을 선물하려 시작했지만 우리가 더 많은 힐링을 받을 수 있는 시간이었다. 처음에는 뭐하는 짓이냐는 조롱도 받았지만 학기가 지날수록 지인들 사이에서는 나름 유명해져 나중에는 너도나도 초대해달라고 아우성이었다.

그 시작이 발판이 되어 군 전역 후, 나는 대학 친구 현수와 두 번째 힐링 프로젝트를 시작했다. 작지만 한 번의 경험이 있었기에 더 나은 기획을 할 수 있었다. 이번에는 자취방이 아닌 옥탑방에 공간을 꾸렸다. 그리고 지인이 아닌 SNS를 통해 불특정 다수 대학생들의 사연을 받고 초청했다. 규모가 커진 만큼 대학생으로서 금전적 부담이 따랐다. 그래서 주류, 외식 관련 회사에 제안서를 보냈고, 우리도 협찬이라는 것을 받아 프로젝트를 진행할 수 있었다.

같잖은 이 두 가지 이야기는 나만의 무기이자 스토리가 되었고 내모든 도전의 발판이 되었다. 처음 시작은 무모했고 사람들의 조롱을 받는 게 당연했지만 그게 시작이었다.

"지금의 나의 인생이 있기까지
같잖아 보이는 것부터가 시작이었다.
그것이 나만의 스토리가 된다.
그 과정이 기회가 되고,
지금의 나를 만든다."

힐링키친

옥탑 프로젝트　　힐링키친

맥주를 마시기까지

학교가 끝난 뒤 집으로 돌아와 간단한 운동 후 샤워를 하고 잠옷으로 갈아입는다. 그리고 내일 필요한 것들을 체크하고 주변을 말끔히 정리한 뒤 잠자리에 들 준비를 한다. 모든 것이 정리되면 그제야 개운한 마음으로 맥주 한 잔을 들이킨다. 소소하지만 내가 정말 사랑하는 순간인 맥주를 마시기 위한 과정이다.

드디어 티켓팅 완료, 이제 진짜 아프리카로 간다는 압박 때문일까? 경유지로 들르게 된 프라하에서 지난 여행을 곱씹으며 많은 생각을 하게 됐다. 나는 여행 중 앞날에 대한 걱정 때문에 쉽게 돈을 쓰지 못했다. 미래를 위한 투자라며 많은 선택지들을 포기했다. 그 선택의 덕을 본 순간도 있었지만, 하지 못했다는 일말의 미련은 항상 마음 속 한 구석에 남아 있었다. 미루고 아끼다 가장 큰 것을 잃게 된 이번 여행이기도 했으니까.

그래서 이번 여행은 생각을 조금 바꿔보기로 했다.

"미래의 것들을 위해 지금을 포기할 수 있지만,
지금의 것들을 위해 미래도 포기할 수 있다는 것을."

물론 지금의 만족이 미래의 후회가 될 수도 있지만, 때 묻은 트레이
닝복을 벗어 던지고 옷 가게에 들어가 셔츠 하나를 골라 입는다. 셔츠
를 입은 말끔한 모습으로 프라하 시내 레스토랑에서 콜레뇨와 코젤 흑
맥주를 먹는다. 오랜만에 기분이 좋아져 친구의 제안 한마디에 충동적
결정을 한다. 프라하에 오면 해봐야 한다는 액티비티 스카이다이빙을
고민 끝에 기어코 예약한다. 고삐 풀린 망아지처럼 소비한다.

▲ 프라하에서 유명한 코젤 맥주

돌아오지 않는 이 순간을 위하여, 지금도 아름다워야 할 내 소중한 인생의 한 부분이니까. 아프리카에서 생활고에 시달릴 수 있지만 지금만큼은 충분히 행복해진다. 누구도 나의 내일을 보장해주지 않으니까. 지금이 손꼽아 기다려오던 과거의 내일일 수도….

오늘은 집에 오자마자 주변 정리를 밀어두고 맥주를 들이킨다.
'아니 이렇게 먹으니까 더 맛있잖아?'
갈증이 극도로 달했을 때 맥주를 마시니 하루의 노고가 싹 씻겨 내려가는 강렬한 청량감이었다. 갈증이 무뎌진 후 안정감을 가지고 먹는 맥주와는 또 다른 매력이었다.
아직도 언제 정리하고 잘까 귀찮고 불안한 맘이 가득하지만 오늘 하루만큼은 내일 걱정하지 않고 지금에 충실하고 싶다. 돌아오지 않을 이 순간을 위하여.

34

편견

나는 떨어지는 느낌을 극도로 싫어했다. 타의에 의해 자이로드롭을 타보고, 번지 점프란 것도 해봤지만 역시나 특유의 붕 뜨는 유체 이탈 느낌이 너무 싫었다. 이런 내가 상대적으로 훨씬 극강의 도전이라는 스카이다이빙을 한다고? 그건 정말 나보고 죽으라는 거였다. '죽기 전에 한 번은 해봐야지!' 하는 오기 정도는 있었지만 그저 정복했다는 성취감만 있을 뿐 하늘에 돈 뿌리고 사서 고통을 느끼는 것이라 생각했다.

하지만 아프리카로 가기 전 미리 담력을 쌓자는 나의 달콤한 말에 속아 결국 나는 경비행기에 몸을 실었다. 어제 코젤을 너무 많이 마시고 술김에 결정한 것이 분명하다. 뛰어내리기 전까지 진짜 3,000번은 후회한 것 같다. 하지만 경비행기에서 뛰어내린 3초 후 이전의 모든 생각이 뒤집혔다.

'하늘을 난다면 이런 기분일까?'

막상 해보니 상상하던 그 느낌이 아니었다. 붕 뜨는 느낌보다는 엄

스카이다이빙

청나게 빠른 롤러코스터를 타는 느낌? 온몸으로 하늘을 끌어안는 기분? 너무나도 짜릿하고 자유의 몸이 된 것 같았다.

"스카이다이빙 그거 진짜 무섭고 위험하다던데? 그리고 그냥 해봤다는 거에 의의를 두는 거지 굳이 고통을 사지 마!"

주변의 우려와 만류가 있었지만 결국 내가 해보기 전까지는 모르는 거였다. 번지 점프와 자이로드롭이 싫다고 해서 무조건적으로 스카이다이빙이 싫은 것도 아니었다. 철저한 내 편견이었다.

상대적일 수 있지만 내가 해보기 전까지 확실한 정답은 없다. 상상만 했던 또 하나의 버킷 리스트를 이룬 오늘 뭔가 모를 자신감이 생겼다.

미지의 땅 아프리카에서도 잘 지내볼 용기가 생겼다. 이틀간 푹 쉬고 또 하나의 상상 아프리카에 도전해보자. 아마 아프리카도 그렇게 무서운 땅은 아닐 거야.

'1+1=2라고? 인생은 모르는 거야.'

고소공포증의 스카이다이빙

35

또 취소라고요?

[Delayed - Delayed - Canceled]

연착에 연착을 거쳐 결국 비행기는 취소됐다. 단기 여행일 경우 일정에 큰 영향을 미치겠지만 나는 예외였다. 당장 내일 잘 곳도 정하지 않아 고민하는 장기 여행자였으니까. 게을러진 탓이지만 이날은 내일 묵을 숙소도 예약하지 않았었다. 그래서 결항은 내게 더 큰 호재로 다가왔다. 다음 편 비행기를 보장받고 무려 메리어트 호텔에서 잘 수 있는 숙박권을 받았기 때문이다.

세 바퀴는 굴러야 떨어질 수 있을 정도의 넓은 침대, 살갗이 익을 정도의 뜨거운 물이 쏟아져 나오는 샤워 호스, 한국 버금가는 와이파이 속도까지 아프리카에 가기 전 노고를 풀며 일정 짜기에 최적의 조건이었다. 게다가 조식은 탁 트인 전면 유리 전망에 레스토랑에서 뷔페로 즐길 수 있다.

왼쪽 _ 풀 부킹으로 텐트에서 자게 된 나
오른쪽 _ 무료로 자게 된 메리어트 호텔 침대에서의 나

정처 없이 흐르는 대로 살아가는 이 여행이 좋다. 좋은 일이든, 안 좋은 일이든 힘껏 끌어안거나 놓아주면 되니까.

이런 말이 있다. 20대에 가진 돈은 어떻게 써도 결국 0이라고. 한국에서 공부만 하든, 사고 싶은 물건을 사든, 이렇게 여행을 하든, 어떻게든 돈은 소비된다. 소비의 규모는 다르지만 원하고 간절한 만큼 벌게 되고 그에 맞는 일을 하게 된다.

"나는 여행 중 1,000만 원을 썼지만 여행을 가지 않았음에도
1,000만 원을 가지고 있는 친구는 거의 없는 것처럼."

36

한국인 동행

모로코, 이집트 그리고 남아공까지는 진짜 아프리카가 아니라고 했던가? 케이프타운은 웬만한 유럽 버금가는 대도시였다. 차이가 있다면 앞으로는 대서양이 흐르고 뒤로는 웅장한 테이블 마운틴이 장관을 이루며 대부분의 사람이 검은 피부를 가졌다는 것이다.

그래서 조금 안일해졌던 걸까? 이튿날 케이프타운 메인 거리를 벗어나 이곳저곳을 홀로 쏘다녔다. 저렴한 상점을 발견해 양손 가득 장을 보고 나오는데 왠지 뒷골이 시렸다. 후드와 모자를 깊게 눌러쓴 한 남자가 나를 따라오는 것 같았기 때문이다. 옆 상점 유리에 반사되어 보이는 그에 손에는 신문지를 둘러싼 기다란 무언가가 들려 있었다. 메인 거리는 벗어났지만 아직 주변이 환한 도심이었는데… '아차!' 했다. 방심하는 순간 표적이 된다.

제일 가까운 상점에 들어갔고 구글 맵을 켜 호스텔까지의 경로를 확인했다. 길을 완벽하게 숙지한 후 상점을 나와 숙소까지 냅다 달렸다.

테이블 마운틴

내 뒤의 어두운 그림자는 그렇게 사라졌다. 그가 신문지로 생선이나 빵
을 감쌌을지도 모르지만 정말 가슴 찌릿했던 경험이었다.

　이런 일을 경험하고 나니 앞으로 혼자 해야 할 아프리카 여행이 지

위 _ 케이프타운 테이블 마운틴에서 동행들과
아래 _ 카우치서핑 호스트와 단체 사진

레 겁났다. 동행을 구해야 하나?
하지만 동행이 있으면 특정 대상
에만 집중하게 되고, 다양한 사람
을 만나 요리해주고자 하는 내 여
행과 부합하지 않았다. 그래서 나
미비아 대사관에서 만난 한국분
들이 렌트 동행을 제안했지만 결
국 거절했다.

내가 상상했던 아프리카 모습
이라면, TV에서나 보던 빈민촌에
찾아가서 내 요리를 나누며 환하
게 웃고 떠드는 모습이었으니까.
욕심일지 모르지만 아직은 이왕
하는 거 멋있어 보이는 여행을 하
고 싶은가 보다.

한국인 동행

37

기다리지 말아요

단 한 번의 도끼질에 나무가 쓰러지는 것 같지만, 미약해보였던 수십 번의 도끼질이 모여 바람 한 자락에 쓰러져 버리는 게 나무다. 적어도 우리만큼은 물리적 거리가 도끼질이 되지 않을 거라 생각했다. 하지만 넘어가지 않았을 뿐 이미 패일 대로 패어 있었다.

'당신이 먼저 그 사람보다 더 좋아하는 게 뭐 어때요. 당신이 좀 더 초조하고 조심스러워진다고 해도 연락을 기다리지 말아요.'

은하수가 흐르는 나미비아 국경, 비현실적인 하늘을 보고 있는데 갑자기 눈물이 쏟아졌다. 누가 볼까 어두운 곳으로 자리를 옮겼는데 무심하게도 하늘은 더욱 환한 빛을 내뿜는다. 이어폰 너머로는 박원 & 수지의 〈기다리지 말아요〉라는 곡이 흘러나오고 있었다. 여행을 시작할 때쯤 그녀가 꼭 들어보라며 보내준 곡이었다. 그때는 대수롭지 않게 들었는데 우리의 나무가 쓰러져버린 지금에서야 그 가사 하나하나가 내 가슴에 박혔다.

위 _ 나미비아 국경 은하수와 내 뒷모습
아래 _ 나미비아 에토샤 나무와 별

같은 여행자로서 이해해준다며 질투도 덜했고(안 하는 척했고), 서운한 상황이 있으면 연락 안 되는 척 밀당하며 답장을 안 한 적도 있다. 그리고 다시 만나는 날 진한 감동을 주자며 표현을 아꼈고 못다 한 말들을 100장의 다이어리와 2분의 영상에 옮겨 담았었다.

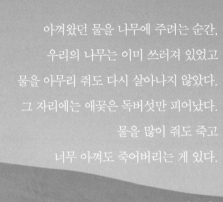

아껴왔던 물을 나무에 주려는 순간,
우리의 나무는 이미 쓰러져 있었고
물을 아무리 줘도 다시 살아나지 않았다.
그 자리에는 애꿎은 독버섯만 피어났다.
물을 많이 줘도 죽고
너무 아껴도 죽어버리는 게 있다.

그건 나무다.
나 無.

기다리지 말아요

38

부대찌개는 싸구려?

부대찌개는 싸구려 음식이다?

미군부대의 잔반을 모아 끓여 먹는 것이 시초였다던 기존 유래와는 달리, 염도가 높은 소시지나 햄을 중화하기 위해 국에 넣고 끓여 먹던 것이 부대찌개의 시초였다고 한다. 당시 햄과 소시지의 가격이 비쌌기 때문에 넉넉한 집안만 먹을 수 있는 고급 음식이었다.

우리가 샀던 소시지도 아프리카의 더운 날씨 때문인지 염도가 무척 높았고 그래서 찌개로 끓여야 했다. 저녁이 되자 자연스럽게 오율이는 밥을 짓고, 영준이 형은 채소를 다듬는다. 준선이 형과 정현이 형은 식탁을 차리며 나는 오늘도 메인 요리를 도맡는다. 벌써 렌터카를 빌려 캠핑 여행을 한 지도 2주차 철저하게 분업화된 우리다.

고추장, 고춧가루를 포함한 갖은 양념을 만들어 30분 정도 숙성시켜 놓고 찬물에는 다진 고기와 사골 농축액을 푼다. 물이 끓기 시작하면

숙성된 양념과 각종 채소를 썰어 넣고 보츠와나산 햄과 소시지로 마무리한다. 기호에 따라 치즈나 면을 첨가한다.

한소끔 끓으면 다들 냄새를 맡고 기대에 찬 얼굴로 음식 주위에 둘러앉는다. 그리고 한 술을 채 삼키기도 전에 감탄사를 연발한다. 진짜

맛있는 건지 아니면 예의상인지 확실히 모르겠지만 리액션 하나만큼은 세계 최고인 동행이다. 과한 리액션만큼 요리사를 기쁘게 해주는 건 없으니까.

그들은 나를 좋아하나 보다. 호스트인 셰리도 부대찌개를 먹어보더니 엄지를 치켜들었고 고맙다며 맥주 한 잔을 공짜로 내줬다. 선물 받은 시원한 맥주까지 마시니 정말 세상 행복한 밤이었다. 2주 전까지만 해도 고독 속에 앞날이 불안했었는데 지금은 큰 버팀목이 생긴 기분이다.

어떻게든 혼자 다녀보려고 했다. 하지만 홀로 다니면 위험에 노출될 확률도 많아지고 교통이 불편하기 때문에 투어를 하는 것 외에는 답이 없었다. 관광으로 먹고 사는 아프리카인지라 투어와 숙소 가격은 '엿장수 마음대로' 부르는 게 값이었다. 남아공을 떠나고 사흘 동안 아무것도 하지 못하며 앞날의 걱정에 골머리를 앓았다. 차선책을 찾던 중 남아공 대사관에서 만났던 인연과 연락이 닿았다. 그들은 내 사정을 듣고 감사하게도 렌터카 여행에 중도 합류시켜줬다.

사실 요리 여행이라는 콘셉트도 있고 그룹 생활을 하면 안일해질 거 같은 마음에 동행은 가급적 피했었다. 솔직히 다른 사람이 보기에도 해외까지 나가서 한국인들이랑 놀면 없어 보이니까 한국인 동행은 더 꺼렸다. 어느새 나의 만족보다는 나를 지켜볼 주변의 시선을 의식하고 있었다. 하지만 극한의 상황에 놓이고 이 상황을 사람들을 통해 회복하다 보니 한 가지 깨닫게 됐다.

"그래, 이건 내 여행이고 콘셉트를 고수하기 전에 내가 즐겁고 행복한 여행이어야 해. 나부터 행복해야 한다는 본질은 잃어서는 안 되니까."

알뜰살뜰한 형들을 만나서 혼자 다닐 때보다 생활비를 절반 정도 절약할 수 있었다. 매일 텐트와 자동차를 번갈아가며 숙박을 해결했고 끼니는 캠핑장에서 직접 만들어 먹었다. 나는 감사한 마음에 매일 요리했고, 가끔은 고됐지만 격한 리액션을 해주는 동행들 덕에 행복했다. 그리고 혼자 있을 때보다 현지 친구들과 교류할 기회도 더 많았다. 의지할 사람이 있으니 오히려 더 용기가 생겼다.

햄과 소시지 자체로도 훌륭한 밥반찬이지만 다양한 재료와 함께 국물에 녹아들었을 땐 단점이었던 짠맛이 줄어들고 하나의 요리로 재탄생한다. 두드러지진 않지만 단점을 가리고 장점을 끌어올려주는 부대찌개가 나는 참 좋다. 멋있어 보이지 않아도 좋다.

부대찌개는 싸구려?

39

천국이 있다면 이런 모습일까?

대자연은 인간의 발길을 쉽게 허락하지 않는다고 했다. 빅토리아 폭포가 있는 짐바브웨로 가는 길은 정말이지 지뢰밭이었다. 분명 포장도로인데 움푹 팬 수천 개의 작은 싱크홀이 존재했다. 3주간 여차저차 잘 달려왔는데 렌터카는 도착을 하루 앞두고 지뢰를 끝내 이겨내지 못했다. 두 개의 바퀴가 터지고 휠 커버가 깨졌다. 두 시간을 도로에 멈췄고 다행히 현지인들이 차를 멈추고 바퀴 교체를 도와주어 다시 출발할 수 있었다.

전복이 안 된 것이 얼마나 다행인지 애써 우릴 위로했다. 얼마나 대단한 걸 보여주려고 이런 고생을 만드는지 인위적인 빛이 사라진 늦

펑크

은 밤이 돼서야 겨우 숙소에 도착했다.

다음날 아침, 찹쌀을 넣어 진득하게 끓인 따듯한 호박죽으로 전날의 노고를 달랬다. 그리고 마침내 대자연을 향해 발길을 뗐다.

앞으로는 물보라 때문에 뿌연 하늘이지만, 위로는 상반되게 짙푸른 하늘이 위치해 있다. 왼쪽으로는 엄청난 양의 폭포수가 쏟아지고, 오른쪽으로는 일곱 빛깔 쌍무지개가 양 갈래로 수놓는다.

'천국이 있다면 이런 모습일까?'

폭포수에 쫄딱 젖어 조금은 찝찝하고 추웠지만 좀처럼 그 자리를 떠날 수 없었다. 사진으로 볼 때와는 완전히 다른 황홀한 기분이었다. 허상인 줄만 알았던 상상들이 자꾸만 눈앞에 현실로 나타난다.

생각을 끝내고 실행했더니, 비로소 진짜가 되어 가고 있다. 우리는 숙소로 돌아와 술잔을 기울이며 같은 이야기를 한다.

"여기 진짜 아프리카구나!"

낮의 빅토리아 폭포

밤의 빅토리아 폭포

40

지금하거나 평생하지 말거나

독이 든 사과가 달콤하다 했다. 백설공주도 빨간 사과의 유혹을 이기지 못했듯이. 만화 영화에서만 보던 동물들을 숨죽이며 바라보고 있노라면, 좋았던 기억 외에 힘들었던 기억도 꽤 많이 스쳐간다.

나미비아와 보츠와나를 지나며 렌터카의 바퀴가 두 번이나 펑크 났었고, 잠비아에서 탄자니아로 가는 열차가 고장 나 3박 4일간 열악한 열차 생활을 했다.

탄자니아에서는 전 재산이 든 수하물을 분실했었지만 이틀 만에 기적같이 찾았었고, 현지인 체험을 해보겠다며 카우치서핑을 했지만 호스트에 상술에 속아 도망치듯 그의 집을 탈출했었다.

케냐 사파리 관계자들과 트러블이 있어 300달러짜리 투어의 반은 날려 먹었고, 에티오피아에서 항공사 직원의 비자 실수로 서른여섯 시간 동안 공항에 억류됐었다. 기대했던 화산도 보지 못했다.

나에게는 없었지만 극단적인 사례도 있었다. 렌터카 안에 있던 전 재산을 통째로 도둑맞은 사람, 렌터카가 전복돼 큰 수술을 한 사람, 오밤 중 괴한에게 칼부림을 당한 사람, 말라리아에 걸려 한국에 돌아간 사람.

아프리카가 아니라도 어디서나 사고는 일어난다. 그리고 단 만큼 분명 쓰라린 순간도 있다. 하지만 분명한 건 아프리카도 사람 사는 곳이고 그렇게 미지의 세계는 아니라는 것이다.

생각만큼 덥지 않아서 남아공화국에서 패딩을 입고 다녔다. 생각만큼 가난하지도 않았고, 케냐는 서울 같은 고층 빌딩이 많았다. 생각만큼 위험하지도 않았고, 여행자 루트는 치안이 괜찮은 편이었다.

아프리카는 여행하기 좋았다. 지나치게 겁낼 필요가 없었다. 순탄하지는 않아도 그걸 감안할 만큼은 가치가 있는 곳이 바로 아프리카다.

"지금하거나 평생 하지 말거나 나중에 대한 확신을 갖지 말자. 지금 아프리카에 와봤으니 평생 후회는 없다."

내 상식선으로는 도저히 이해가 가지 않던 밤, 보름달의 강렬한 빛과 빅토리아 폭포의 엄청난 수량이 만나 무지개를 이뤘다. 불가능할 거같았던 달밤의 무지개는 내 눈앞에 현실로 나타나버렸다.

지금 하거나, 평생 하지 말거나

타자라 열차가 연착되어 빅 폴에 하루 더 묵게 되었고, 마침 보름달
이 뜬 오늘 믿기지 않는 황홀한 광경을 볼
수 있었다. 동행들과 함께하는 마지막 밤
이어서 더 의미가 있고 추억이 됐던 오
늘. 달밤의 무지개는 아무나 볼 수 없다
는데 앞으로의 일정에도 행운이 깃
든다는 뜻일까?

41

오늘은 코스 요리입니다

아프리카 케냐의 한 호텔에는 흑인이 80퍼센트 이상인 사우나가 있다. 그 호텔의 설립자가 한국인이어서 자신이 좋아하는 사우나를 만들게 됐고 생각보다 인기가 좋아 아직까지 유지하고 있다.

처음 와보는 케냐에서 이 같은 특별한 경험을 할 수 있었던 이유는 바로 현지인 찬스, 준선이 형 지인이었던 선교사님 덕분이었다. 도착하는 날 점심으로 짬뽕을 먹었고 저녁에는 BBQ 치킨을 먹었다. 그것도 양념치킨이었다. 그리고 매일 끼니 때마다 사모님이 북어국, 김치찌개, 제육볶음, 삼겹살, 냉면 등 푸짐한 한식을 차려주셨다.

떠나기 전 감사한 마음을 표현하고 싶었으나 문제가 있었다. 주부 경력 40년차라서 나보다 손맛이 뛰어난 사모님 앞에서 한식을 만들자니 번데기 앞에서 주름잡는 꼴이었다. 그래서 고안해낸 것은 바로 양식을 만드는 것이었다. 군 시절 공관에서 장군님을 모시면서 손님들에게 자주해줬던 형태로 메뉴를 구성했다.

좋아하시는 사모님, 선교사님

아린 맛을 제거한 마늘과 감자를 섞어 끓인 '갈릭 포테이토 수프', 발사믹 드레싱을 곁들여 상큼 달콤한 '망고 토마토 샐러드', 연어, 신선한 채소 그리고 상큼한 과일을 올린 '연어 오픈 샌드위치', 오렌지 소스를 곁들인 '베이컨 닭 가슴살 소시지', 로제 소스에 새우를 넣고 매운 고추를 넣어 느끼한 맛을 잡은 '투움바 파스타'.

때마침 집이 단수가 되어 요리하는 데 애먹었지만 준선이 형과 정현이 형이 열심히 보조를 해줘 약 두 시간에 걸쳐 코스 요리를 완성할 수 있었다. 그리고 선교사님과 사모님이 평생 처음 먹어보는 요리라며 정말 좋아해주셨다. 나를 향해 활짝 미소를 지어주셨다. 정말 행복한 순간이었다.

　'인연은 인연을 타고' 여행을 하다 보니 인연 때문에 또 다른 소중한 인연을 만나는 경우가 많았다. 서로의 인연을 소개해주며 그 크기는 배가 된다. 한국인 인연을 만나기 꺼려했지만 그로 인해 소중한 친구를 더 많이 얻었다.

　지금의 상황을 인정하는 순간 인연이 된다. 그 순간을 피하지 말고 받아들이는 것, 그리고 인정하는 것 그게 여행 아닐까 싶다.

인연으로 얻어지는 또 다른 인연.

 오늘은 코스 요리입니다

42

다합 식혜

밥알이 동동 띄워진 달달하고 시원한 식혜는 후식으로 좋고 소화에도 도움이 된다. 식혜는 재료가 간단하고 만드는 과정이 복잡하진 않지만 시간이 오래 걸리고 온도에 민감하다. 밥알이 삭으려면 약 섭씨 60도의 온도를 유지해야 한다. 이보다 낮은 온도에 두면 쉬고, 지나치게 높으면 아예 삭지 않거나 걸쭉한 국물이 된다.

나는 바다를 보는 것을 좋아했다. 푸르고 청명하며 끝이 보이지 않는 수평선이 갑갑한 내 마음을 뚫어주는 것 같았다. 하지만 그 이면은 항상 두려웠다. 어렸을 때 물에 빠져 죽을 뻔한 적이 있은 이후로 물 공포증이 생겼고 물이 내 키보다 깊어지면 패닉이 왔다.

여행 중 많은 사람이 추천하여 홀린 듯 다합에 왔다. 다이빙하러 온 것은 아니었지만 세계에서 가장 싸게 다이버 자격증을 딸 수 있다는 말에 혹해 어드벤스 다이버 수업을 신청했다. 하지만 역시 나는 안 될 것 같았다.

오픈워터 1일차 만에 포기해야겠다는 생각이 들었다. 스카이다이빙처럼 예상 외의 반전은 없었고 바닷속에 들어가기만 하면 호흡도 가빠지고 이퀄라이징이 잘 안 돼 귀가 너무 아팠다. 다른 수강생들한테 괜히 민폐만 끼치는 것 같아 스스로가 더 답답했다. 깨끗하고 맑은 바다로 정평이 나있는 다합이었지만 내 눈 앞만큼은 컴컴하고 어두웠다.

여기서 도전을 멈추려는 내가 한심해 보였지만 목숨의 위협을 느끼면서까지 굳이 사서 고생할 필요는 없다고 생각했다. 2일차 나의 담당 강사인 역무에게 포기하겠다고 말했다. 그러자 그는 나를 10초 정도 지그시 바라본 뒤 내 손을 잡고 운을 뗐다.

"믿음, 두려워하지 말고 마음을 편하게 먹어봐, 바다도 육지랑 다를 거 없어. 지금 여기서도 갑자기 천장이 무너지면 우리는 죽을 수 있어. 위험하지 않은 곳은 세상에 없다니까! 바다를 다른 세상이라 생각하지 마. 그리고 너 옆에는 항상 너를 구해줄 나와 친구들이 있다는 걸 기억해!"

당신의 그 미소가 좋아서

왼쪽부터 _
다이빙 후 물 먹는 나
식혜 마시는 나의 담당강사 역무
식혜를 담은 컵

그의 진심 어린 조언을 못 이겨 하루하루 이 악물고 물에 들어갔다. 힘들고 괴로웠지만 반드시 나를 구해준다던 역무를 믿고 노력했다. 4일차부터 컴컴하던 바닷속 세상이 점점 트이기 시작했다. 그리고 5일차 나는 마침내 어드벤스 다이버 자격증을 취득했다. 전 세계의 어떤 바다든 30미터까지 들어갈 수 있다. 아직은 가끔 패닉이 올 때도 있지만 역무의 진심 어린 조언 덕에 평생의 물 공포증을 조금이나마 극복할 수 있었다.

어드벤스 다이버 자격으로 첫 펀 다이빙을 나갔다. 끝도 없이 떨어지는 심해와 맑은 바다. 마치 우주에 무중력 상태로 떠 있는 느낌이었다. '블루홀' 이곳은 또 다른 세상이었다. 왜 사람들이 다이빙을 배우려 하는지 마침내 깨닫게 되는 순간이었다.

나는 물 공포증을 극복하게 해준 역무와 다이버숍 식구들을 위해 식혜를 만들기로 했다. 인고의 시간을 거쳐 단맛을 내는 식혜가 마치 내가 물 공포증을 이겨내는 과정과 비슷했기 때문이다. 또한 섭씨 40도를 육박하는 다합에서 살얼음 띄운 식혜 한 잔이면 더위를 이기는 최고의 선물이자 한국을 소개할 좋은 소재가 될 거 같았다.

지나치게 더운 날씨에 밥솥도 없는 최악의 환경이었지만 온도를 유지하기 위해 가스 불 앞에서 꼬박 하루를 씨름한 끝에 식혜를 완성했다. 고단했지만 맛있게 마셔줄 사람들을 생각하니 괜히 설레고 고됨이 사그라졌다.

다음날, 오전 9시도 채 안 됐는데 다이버숍은 오픈 준비에 분주하다. 아침부터 구슬땀을 흘리며 이들에게 시원한 식혜 한 잔씩을 따라줬다. 내 스티커가 붙어 있는 컵에 한 번, 난생처음 보는 허여멀건한 음료에 또 한 번 놀라고 신기해했다. 처음 먹어 보는 맛에 고개를 갸우뚱했지만 달달한 그 맛에 빠져 벌컥벌컥 맛있게 잘 먹어줬다. 일정 온도를 유지해줘야 하는 사람이 있다. 이보다 낮으면 발전이 없고 높으면 포기하고 만다. 역무는 나의 온도를 알았고, 그 일정한 온도의 말로 나를 위로해줬다. 그렇게 노고의 시간은 지나갔고, 나는 마침내 단맛을 봤다.

"도전의 극복은 인생을 의미 있게 한다."

– 죠슈아 마린

다합 식혜

43

피가 두꺼운 만두

피가 두꺼운 만두는 속에 무엇이 들었는지 알기 어렵고 밀가루 맛이 많이 난다. 그래서 한국 사람들은 피가 얇아 속이 비치는 만두를 더 선호한다. 보기에도 좋고 만두소 본연의 맛을 잘 느낄 수 있기 때문이다. 하지만 피의 식감을 중요시하는 외국에서는 두꺼운 피를 선호하기도 한다. 잘 찢어지지 않아 비교적 만들기 손쉬운 장점도 있다. 피의 두께는 분명한 맛의 차이라기보다는 각자의 취향과 개성일 것이다.

카우치서핑을 하고 싶은데 혼자이거나 여자여서 두렵다면 동행을 구해보자. 다대다로 만나게 되면 덜 부담스럽고 더 안전하다. 공교롭게도 모두 초등학교 선생님인 유미, 짱샘, 현진 누나와 함께 카우치서핑 호스트 에디의 집을 방문했다. 사실 우린 다합 룸메이트였지만 집주인과 트러블로 쫓겨나 각자 홈리스 생활 중인 하루살이였다.

처음에는 에디의 험악한 인상에 크게 경계했었다. 키는 나보다 작았지만 두 배나 되는 덩치에 팔에는 문신, 몸에는 털이 가득했다. 나는 누

만두 빚는 모습

나들을 보호해야겠다는 일념으로 촉각을 곤두세웠다. 하지만 지내다보
니 에디와 그의 친구 후세인은 생각보다 너무 순수하고 밝은 친구였다.
속이 보이지 않아 두려웠지만 생각보다 알찬 친구들이었다. 누나들의
제안으로 다합을 떠나기 전 그들에게 특별한 추억을 선물하기로 했다.

"에디, 후세인! 만두를 잘 빚어야 만두 닮은 예쁜 딸을 낳을 수 있는데, 잘 따라 해봐!"

다합에도 보름이 찾아왔다. 쟁반 같이 둥근 달 아래 옹기종기 둘러앉아 각자의 달을 빚고 있었다. 몇 번을 가르쳐줬지만 결국 각자 자기스타일의 만두가 빚어지고 있었다. 투박하고 서툰 솜씨에 피는 두껍고여기저기 구멍이 나 오합지졸의 만두가 됐지만, 그들은 그 과정을 즐거워했다. 자기의 손길과 정성이 담긴 이 만두는 여느 시판 만두와 비교할 수 없을 인생 만두일 것이다.

"후세인, 너 만두 왜 그래? 네 딸은 큰일 났다!"

완성된 서로의 만두를 보고 낄낄거린다. 만두는 쪄지고, 튀겨지고, 탕이 된다. 맛은 조금 덜해도 각자의 손맛이 들어갔기에 흥겨운 한상이된다. 기타 연주와 맥주가 더해지니 진짜 명절 분위기가 났다. 지구 반대편 홍해 앞 바다에서 즐기는 우리만의 미리 추석이었다.

처음에는 그들의 겉모습만 보고 보이지 않는 속내에 걱정이 앞섰다. 하지만 그들의 외관은 각자의 취향이자 개성이었다. 알면 알수록 그들의 속은 알찼고 피는 쫄깃했다. 그리고 두터워 잘 찢어지지 않았다.

"오늘만큼은 피가 두꺼운 만두가 더 맛있다."

피가 두꺼운 만두

44

최고의 칭찬

집주인과의 트러블로 집에서 쫓겨나고 홈리스 신세로 다합을 방황하고 있을 때였다. 지인을 통해 나의 사연을 듣게 된 정욱이라는 분이 자신의 집이 비었다며 와서 자라고 했다. 정욱 씨는 비자를 연장하기 위해 다합을 떠나 샴 웰 셰이크에 가 있었고 집은 비어 있는 상태였다. 주인 없는 집인데 일면식도 없는 사람에게 선뜻 키를 내어주시는 게 이상하리만큼 정말 감사했다. 그 후 다행히 나는 단기간 살 집을 구하게 됐고 우리는 그 인연으로 가끔 집을 왕래했다.

어느 날 정욱 씨 집 냉동실에서 낚시 후 처리하지 못한 도미를 발견했기에 나는 감사했던 인연을 위해 칼을 뽑아들었다. 무더운 다합의 여름을 이겨내자는 의미에서 이열치열 '얼큰한 도미매운탕'을 끓이기로 했다.

매운탕 재료를 사기 위해 동네 시장에 갔다. 수십 마리의 파리가 날리고 썩어가는 냄새가 진동하는 채소 가게에 좌절했지만 40일간 아프

위 _ 요리하는 모습
아래 _ 매운탕

리카 종단을 하며 빈번했던 일이기에 그 속에 금방 적응하고 쓸 만한
재료들을 골라냈다.

　집으로 돌아와 제일 먼저 수제비를 반죽하여 숙성시켜 놓고 생선을
손질했다. 쌀뜨물에 뼈와 채소를 넣어 육수를 우리고 유럽에서 공수해
온 고운 고춧가루, 갖은 양념에 따뜻한 물을 넣어 다대기를 만들었다.
시원한 맛을 내줄 감자, 배추, 호박 등을 넣고 한소끔 끓인 뒤 다대기를
풀었다. 붉어진 국물 위에 숙성시킨 반죽으로 다 같이 수제비를 떴다.

최고의 칭찬과 그림 선물

파 송송 썰어 마무리해주니 제법 그럴싸한 매운탕이 완성됐다.

10명이 먹기에는 양이 부족할까 봐 치킨 네 마리도 샀는데 그마저도 제쳐놓고 정말 맛있다며 매운탕을 먹어줬다. 다이빙도 좋았지만 서로 나누며 웃고 즐길 수 있는 다합의 밤이 오늘은 더 매력적이었다.

매운탕을 먹은 친구 중 한 명이 다합을 떠나는 날 내게 그림 하나를 건넸다. 앞치마를 맨 내 모습을 그린 선물이었다. 그리고 그림 뒤에는 짧지만 굵은 한마디가 적혀 있었다.

"여행 중 제일 맛있는 저녁식사였어요."
요리를 하는 사람한테 이보다 큰 칭찬이 있을까?
나는 오늘 최고의 칭찬을 받았다.

45

너의 요리로
기억하게 될 한국의 맛

다시 오고 싶거나 다신 가기 싫은 나라, 여행을 하면 두 부류의 선택지가 생긴다. 동 시간에 여행했지만 왜 이렇게 호불호가 극명할까? 그 나라의 생활 환경도 큰 영향을 미치겠지만 결국 여행은 사람으로 기억된다. 여행 중 내 요리를 먹은 친구들이 나와 더불어 한국을 좋은 이미지로 기억하는 것처럼.

인도와 네팔에는 한식당이 참 많다. 지리적으로 한국과 멀지 않고 물가가 저렴해 한국인 관광객이 많이 찾기 때문이다. 나는 입맛이 까다로운 편도 아니었고, 요리를 전공하는 사람으로서 외국에서 한식 먹는 것을 선호하지 않았다. 하지만 지나치게 한식당이 많으니 갑자기 궁금해졌다. 외국인을 대상으로 파는 한식은 진짜 한국다울까? 아니면 겉보기만 그럴 듯한 게 아닐까? 외국인을 위해 재해석한 한식의 맛은 어떨까?

가끔은 부끄러울 때가 있었다. 한국을 대표하는 음식인데 지나친 변

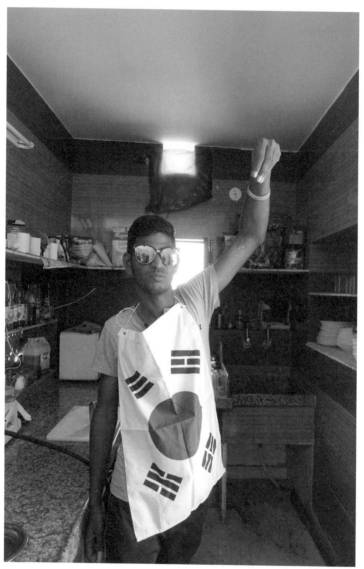

내 수제자 김허세

형을 하거나 맛이 형편없을 때가 있기 때문이다. 외국인들은 그것을 한국의 맛이자 한국에 대한 이미지로 받아들일 것이다. 그래서 하루에 한 번은 한식을 찾아 먹기 시작했다. 그리고 그 식당의 주방장과 이야기를 나눴다.

인도 조드푸르에 있는 김모한 식당에 찾아갔다. 인도의 백종원이라는 수식어가 있을 정도로 인도에만 몇 개의 한식당을 가지고 있다. 재료의 차이를 극복할 수는 없었지만 매운맛과 향신료가 기본이 되는 인도여서 그런지 타국에 비해 한식의 맛을 비슷하게 구현했다. 김모한 식당은 이름값을 하는지 다른 한식당보다 확실히 완성도가 높았다.

정말 신기했던 건 이 모든 레시피를 한국 사람이 아닌 유튜브를 통해 배웠다는 것이다. 게다가 더욱 놀라웠던 건 김모한이 베지테리언이라는 사실이었다. 일부 요리는 맛도 보지 못하면서 이 정도의 맛을 끌어낸 것이다. 그의 열정이 대단했고 나의 조언이 필요 없는 듯했다. 오히려 내가 그에게 열정을 배웠다.

하지만 모두가 그 식당 같지는 않았다. 김모한은 모두의 롤 모델이었고 거의 똑같은 방식으로 식당을 운영했다. 제2의 김모한이 되고 싶은 어느 한식당의 친구에게 작은 컨설팅을 해줬다. 인도 한식당의 문제는 너무 고전적인 네이밍인 것 같았다. 철수, 영수와 같은 이름으로 성공한 사례들이 많아서 그런지 대부분 고전적인 느낌의 이름을 사용했다. 그래서 나는 요즘 대세인 한국 스타 셰프들의 이름을 네이밍해줬다.

"김영수 말고 이제부터 네 이름은 김허세야! 소금은 2미터 이상 위

191

왼쪽 _ 함께 찍은 사진
오른쪽 _ 호떡 배우는 네팔 친구

에서 넓게 뿌려야 해. 그리고 항상 표정을 거만하게! 카카오톡 프로필
도 내가 찍어준 사진으로 바꿔!"

그리고 메뉴의 이름도 바꿨다. 과연 반응이 좋았을지 모르겠지만 네
이밍 하나로도 차별화된 마케팅이 될 것이다.

네팔 한식당에는 호떡 만드는 비법을 전수해줬다. 날씨가 더워서 그
런지 호떡을 파는 곳은 보지 못해서 더울 때는 호떡 위에 아이스크림을
올려 팔라고 조언했다. 지금도 잘 팔고 있을지 궁금하다.

외국에서 한식 먹는 건 사치라 생각했었는데 이 속에서도 참 많은
것을 배우고 느낀다. 그들의 열정은 대단했다. 무모할지라도 유튜브를
보며 꿈을 키우는 이들의 용기가 부러웠다. 배울 건 배우고 바로 잡을
건 바로 잡고 외국에서 파는 한식으로 나의 미래를 봤다.

"너의 요리로 인해 누군가 기억하게 될 한국을 위해…."

당신의 그 미소가 좋아서

46

미역을 가지고 다니는 이유

자정이 가까워 오는 야심한 밤 문정 누나, 슬기 누나 그리고 수지와 빠르게 눈빛을 주고받는다. 케이크에 서둘러 불을 붙이고 미역국과 선물을 챙겨 문고리를 연다.

"생일 축하합니다. 생일 축하합니다. 사랑하는 지혁이 형, 생일 축하합니다."

어둠 사이로 고개 내민 스물여섯 개의 환한 빛을 보고 지혁이 형은 크게 미소 짓는다. 그리고 미역국을 한 입 먹더니 형은 갑자기 눈시울을 붉힌다. 장난감 같은 인도 케이크와 소박한 미역국 한 그릇이었지만 타지에서 받는 생일상은 더 특별한가 보다. 형이 행복한 미소를 지으며 고맙다고 하니 우리가 괜히 뿌듯하고 더 행복했다.

나는 타지에서 생일을 맞는 이들을 위해 항상 미역을 넉넉히 가지고 다녔다. 내 작은 수고가 누군가에게는 갑절의 행복이 되기에, 내가 그 기분을 제일 잘 아니까.

위 _ 소박한 생일상
아래 _ 미역국 받은 지혁이 형

여행 후 내게 생일상을 받은 사람들에게 고마웠다는 연락이 온다. 요리를 하는 사람으로서 누군가에게 특별한 순간을 제공할 수 있다는 건 참 행복한 일이다.

생각해보니 사람을 좋아하는 이유도, 사진 찍는 걸 좋아하는 이유도, 동영상 만드는 걸 좋아하는 이유도, 요리를 하는 걸 좋아하는 이유도 이런 설렘이 좋아서였던 것 같다.

"누군가 미소를 지어줄 그 상상이 나를 요리하게 한다.
주기 전부터 미치듯 설레고 행복하니까,
누군가의 미소가 나의 가슴을 뛰게 만드니까."

산티아고 순례길에서 생일상을 받았던 혜정 누나에게 연락이 왔다. 너무 고마웠고 행복했던 기억이라며 보답을 하고 싶다 했다. 그리고 밥 굶지 말고 맛있는 거 사 먹으라고 5만 원을 부쳐줬다.

47

유치 뽕짝

영화 〈세 얼간이〉의 그곳 판공초에서 하늘과 맞닿은 호수를 보고, 해발 5,280미터로 세계에서 가장 높은 산간 도로를 지나며 봤던 황홀한 은하수보다 레에서 더 강렬한 잔상을 남겼던 것은 바로 약팸이었다. 비포장 고산 지대를 넘는 일정 때문에 아픈 사람이 많았고 약을 많이 먹어서 붙여진 우리의 이름이었다.

인도에는 여유가 있다. 특정 관광지만 부각되는 다른 여행지와는 달리 현지에 적응하고 녹아드는 삶 그 자체가 여행이 된다. 그래서 인도를 다시 찾는 대부분의 사람들은 타지마할을 보기 위해서가 아니라 그 여유와 사람이 그리워서다.

그날도 특별히 할 게 없었다. 느지막이 일어나 창가에 앉아 짜이 한 잔 마시고 동네 마실을 나간다. 정해진 시간 없이 배고파지면 자주 가는 식당에 가서 점심을 먹고 리큐어숍 들러 저녁에 먹을 맥주를 쟁여뒀다. 밤이 되면 맥주를 사랑하는 문정 누나, 슬기 누나와 함께 "왜 맥주 이것

약팸 단체 사진

위 _ 약팸에게 받은 편지와 선물
아래 _ 약팸과 판공초에서 그림자 사진

밖에 안 사왔냐!"라고 아쉬운 투정 부리며 밤새 이야기꽃을 피운다.

중간중간 붕 뜨는 시간에는 우리만의 방식으로 재미를 찾는다. 모두가 친해지길 바란다며 임의로 식당 세 곳을 정하고 같은 식당을 고른 사람끼리 랜덤으로 식사를 했다. 서로의 마니또를 정하고 들키지 않기 위해 선물 첩보 대작전도 펼쳤다. 마지막 날에는 가게에 달력을 찢어 롤링 페이퍼로 못다 한 이야기도 적었다. 우리만의 예능을 찍었다. 만

당신의 그 미소가 좋아서

약 다섯 명 중 한 명이라도 싫어했다면 못 했을 텐데 이런 유치함도 잘 맞는 우리는 환상의 짝꿍이었던 것 같다.

마지막 날 미리 써둔 롤링 페이퍼를 낭독하며 눈물을 질질 짰다. 엄마와 헤어지기 싫은 어린 아이처럼 유치해진 만큼 감정도 순수해졌다. 훈다르라는 산골 마을에서 모닥불 피워 놓고 나눴던 이야기가 생각났다. 마지막 남은 숯불 닭다리 한 조각은 가장 불쌍한 사람이 먹기로 했던 각자의 깊은 속마음 짐을 덜어놨던 시간.

파리의 이야기를 하며 내가 가장 힘든 여행을 하고 있을 줄 알았는데 역시 그건 나의 관점이었다. 나라면 감당할 수 있을까 할 정도로 우리에게는 말 못할 많은 사연들이 있었다. 인도는 외부의 간섭을 받지 않는 나만의 공간처럼 철옹성 같은 마음의 벽을 무너뜨린다.

누구는 일상으로 누구는 계속 여행을 한다. 이별은 당연했고 다시 만날 수 있다는 걸 알지만 어린 아이 같이 눈물이 나온다. 슬픔과 먹먹함이 가득한 만큼 정말 좋은 인연이었다는 거겠지?

오랜만에 유치해질 수 있어서 좋았다. 내 어린 모습, 감춰 있는 속마음을 내비칠 수 있는 사람들을 만나서 정말 좋았다.

매번 느끼지만 여행은 사람이며, 조금의 유치 뽕짝이다.

유치 뽕짝

48

나도 어쩔 수 없는 사람이구나

이틀이 순식간에 사라져버렸다. 잔병치레 없이 아프리카에서도 잘 견뎌낸 나의 건강한 몸뚱이에 적신호가 켜졌다. 머리는 아파오고 몸은 으슬으슬 떨려온다. 배도 아프고 온몸이 고장난 듯 아무래도 물갈이를 하나 보다. 침대에 누워도 온몸이 쑤셔오니 잠도 못자고 미치겠다.

가뜩이나 지금 내 주변에는 아무도 없다. 잘 아프지 않던 익숙지 않은 내 모습이 당황스럽기만 하다. 지나온 인연들 그리고 가족이 생각난다. 건강하던 내가 그립다.

혼자여서 더 쓰디쓰게 아팠던 인도에서의 어느 날. 그래도 지나 보니 아픈 것도 내겐 행운이야. 네가 그립고 소중했다는 걸 깨달았으니까. 앞으로는 더 소중히 여겨줄게.

"행복을 주려면 나부터 행복해야지."

위 _ 물갈이할 때 아그라 가는 기차 안에서
아래 _ 조드푸르에서

49

저의 이야기를 팝니다

집 나온 지 6개월 차, 생각보다 길어지고 있는 여행에 자금난이 찾아왔다. 아직 이번 여행의 목표한 바를 끝내지 못했고 정리해야 할 것들이 남아 있었다. 이대로 한국에 돌아갈 순 없고 여행을 연명하기 위해서는 뭐라도 해야 했다.

그러다 문득 생각난 하나, 여행 중 자금이 부족한 장기 여행자들이 길거리에서 사진 파는 것을 봤었다. 별거 아닌 내 사진에 조금 겁도 났지만 해봐야 알지 이대로 포기할 수 없었다.

'단순한 사진이 아닌 내 이야기를 담아보자!'

지난 6개월간의 사진을 정리했다. 단순 풍경 사진보다는 내가 담긴 모습, 6개월간 방랑하며 요리한 사진을 위주로 인화했다. 그리고 나의 상징인 앞치마와 태극기를 함께 내려놓고 레 메인 거리 한가운데서 장사를 시작했다. 과연 팔릴까 하는 걱정과 부담스런 눈빛과 관심에 겁이 났다. 그러다 문득 여행 전 펀딩받을 때가 생각났다.

'절실히 원한다면 나를 내려놓을 수 있어야 한다. 그 접점을 넘어서는 순간 누군가는 나를 알아봐준다.'

걱정도 잠시 많은 사람들이 내 사진과 이야기에 관심을 갖기 시작했다. 사진을 사지 않아도 내 여행을 응원해주는 사람들의 말에 정말 힘이 났다. 돈을 버는 것을 떠나 현지인이나 다국적 여행자들과 대화도 나누고 추억을 공유할 수 있어 좋았다.

두 시간 반을 판매한 결과 40장의 사진을 팔 수 있었다. 매출 1,050루피에 순이익 550루피로 큰돈은 아니지만 아니 인도에서는 하루를 살 수 있는 돈이었다. 돈뿐

여행 사진 파는 모습

만 아니라 새로운 추억을 만들 수 있어 좋았다. 이제 시작이지만 남은 여행을 연명하기 위한 도전은 계속될 거다.

사진을 파는 길거리 장사는 처음이자 마지막이 되었다. 사진을 공유하던 도중 관광 비자로 이윤을 창출하는 것이 불법이라는 소식을 접했고 과감히 그만뒀다. 이 또한 시행착오이고 해봤기에 알았다고 생각한다.

조금은 무모할지라도 해보니까 안 되는 건 없더라. 나라는 사람도 할 수 있더라.

I'm World Traveler From S.KOR
Now, I'm Selling My Travel Photo
For Next My Travel.

1PIC = 30RS.   4PIC = 100RS

"누군가의 마음을 얻는다는 것."

50

유종의 미

종착지인 안나푸르나 베이스캠프에 도착하고 종일 오는 비가 원망스러웠다. 기대했던 히말라야의 설산을 제대로 볼 수 없었기 때문이다. 하지만 종일 오던 비 덕분에 구름 한 점 없이 맑은 밤하늘이 펼쳐졌다. 8,000미터 고도의 웅장하고 거대한 설산 사이로 흐르는 별과 은하수는 말도 안 되게 경이로웠다. 아무나 볼 수 없고 아무 때나 허락된 게 아니기에 더욱 가치있고 황홀했던 밤, 추위에 떨며 잠을 포기하고 밤새 하늘을 바라봤다.

날이 좋으면 새벽에 일어나는 습관은 오늘도 남이 볼 수 없던 하나를 보게 했다. 여행의 끝, 나의 작은 습관 하나가 앞으로의 인생도 빛내주길 바라본다.

여행 중 내 배낭 뒤에는 항상 태극기가 함께했다. 한국인으로서 자부심도 있지만 중국, 일본인으로 우선 판단받기 싫었고 그러한 사람들에게 대한민국을 확실히 설명하고 싶었다. 맛있는 한식 상차림과 함께.

안나푸르나 베이스캠프에서 마지막 밤

태극기를 걸고

190일을 함께한 내 태극기가 유종의 미를 맞게 됐다.

안나푸르나에 베이스캠프에는 새로운 산악로를 개척하려다 실종되거나 돌아가신 산악인들의 묘지가 있다. 대표적으로 영화 〈히말라야〉의 모델이 된 박영석, 신동민, 강기석 대장님의 묘지와 최초 여성 산악인 지현옥 대장님의 묘지가 있다. 이 두 묘는 SNS에서도 사전에 접할

당신의 그 미소가 좋아서

수 있는 묘지인데 유명하다 보니 태극기나 꽃들이 많아 쉽게 찾을 수 있었다.

하지만 알지 못한다면 지나칠 수 있는 외진 곳에 덩그러니 있는 묘지 하나가 있었다. 히운출리 북벽에 직지루트를 개척하려다 돌아가신 민준영, 박종성 대장님의 묘는 다른 묘에 비해 한없이 초라하고 한국인의 묘라는 표식조차 알아보기 힘들었다.

물론 세운 공의 차이가 있다고 한들 한국에 위상을 높이기 위해 도전한 숭고한 목숨의 가치는 같기에. 같이 안나푸르나를 올랐던 한국인의 제안으로 그곳에 내 태극기를 걸고 왔다. 이 태극기를 보고 단 몇 명의 사람이라도 이들의 도전 정신을 기리고 유명의 여하를 막론하고 그 숭고한 내면의 가치를 알아봐주는 사람이 많아지길 바란다.

어쩔 수 없는 요즘 세상이다. 그 사람의 내면의 가치보다는 외면을 중시한다. 이러한 삭막한 세상 속에 조용히 시름시름 죽어가는 재능 있고 가치 있는 사람이 많다. 많은 생각이 들게 했던 하산의 첫날이었다.

"수고했다. 190일을 함께한 태극기야,
숭고한 이들의 가치를 빛내줘!"

유종의 미

51

같은 길은 다시 걷는다는 것

일반 트레킹과는 다르게 산악 트레킹만이 가지고 있는 장점이자 단점이 있다. 올라갔던 만큼 다시 내려가야 한다는 것이다. 즉, 하산을 위해 똑같은 길을 한 번 더 지나야 한다. 조금은 지루하고 지겨운 일정이 될 수 있다. 하지만 지나왔던 길과 시간을 되새겨보는 것은 차마 보지 못하고 놓쳤던 순간을 다시금 들여다볼 수 있는 기회가 되기도 한다.

여행의 끝자락, 하산을 하며 지난 여행을 돌아보게 됐다. 첫 여행보다 분명 나아졌지만 나는 아직 빈틈이 많고 채워가야 할 게 많은 사람이었다. 눈에 띄게 바뀐 건 없지만 이러한 빈틈 있는 진짜 나의 모습을 발견할 수 있는 시간이었다. 그래서 빈틈을 채우기가 이전보다 더 수월해진 것 같다.

모든 도전이 성공으로 이어진다면 그 도전에는 가치가 없을 것이다. 실패가 대다수이기에 성공은 더 빛나게 된다. 넘어지고 쓰러지며 부족한 나를 자책하기도 하는 여정, 그 자체로 충분히 가치 있다.

위 _ 여정이 곧 보상이다
아래 _ 트래킹했던 운동화

　"여정이 곧 보상이다"라는 스티브 잡스의 말처럼 성공 여하의 관계
없이 떠나왔다는 것 자체가 의미 있고 보상인 것이다.
　오늘로 계획했던 모든 일정이 마무리됐다. 이제부터 진짜 나를 채우
기 위한 여정이 시작된다.

　"상상의 책에 들어온 순간 그 자체로 가치가 있다."

사치의 가치

장기 여행을 하면 돈이라는 놈에 정말 민감해진다. 식당에 가면 먹고 싶은 걸 먹기보다는 배를 채울 수 있는 저렴한 음식을 찾는다. 밥을 함께 먹는 동행의 눈치를 보기도 한다. 내 여행은 요리 기행인데… 살기 위해 먹고 있는 나를 보면 참 한심하다.

모처럼 카페에 들어갔는데 아메리카노 한 잔의 가격이 150루피였다. 멈칫하고 한참을 고민하다 결국 돌아섰다. 한국 돈으로 2,700원쯤밖에 안 되는데 인도에서 이 가격이면 든든하게 저녁 한 끼를 먹거나 저렴한 도미토리에서 잘 수 있다며 나를 설득했다.

가난한 여행자로서 포기하는 게 당연할 수도 있지만 여행이 끝나가는 이 시점에서 느끼는 건 가끔은 사치도 부려야 한다. 아니 사치가 필요하다.

'사치의 가치를 알아야 한다.'

나중에 한국에 돌아가서 여유가 있을 때 마시는 커피 한 잔의 맛과

아메리카노와 라테

절실함 속에서 마시는 커피의 맛이 과연 같을까?

설혹 맛은 같을지언정 그 가치와 의미는 다르다. 커피의 맛은 커피 속에만 있는 게 아니니까. 그날의 기분, 주변 환경, 분위기, 사람 이 모든 게 커피를 구성하는 맛의 요소이니까.

"사치의 가치"

53

선한 영향력

이번 여행을 준비할 때였다. 작심하고 준비했던 두 번째 여행이었지만 그 과정은 순탄치 않았다. 중심이 흔들릴 때가 많았고 여행을 포기하고 싶은 순간도 많았다. 그때 나를 다시 일어서게 해줬던 글이 있다.

바로 우연히 페이스북을 통해 접하게 된 동하 씨의 글이었다. '4,000킬로미터 유럽 도보 횡단', 많이 걷고 고생하는 여행이 유사해서였을까? 좋았던 글보다는 실패하고 흔들리며 방황했던 내용들이 하나하나가 내게 대입되고 공감됐다.

동하 씨에게는 별거 아닌 그저 끄적거림일 수도 있지만 그 글이 내 마음을 움직였고 지금 이 순간까지 이끌어왔을지 모른다. 사소한 한마디, 한 글자 그리고 행동 하나가 누군가의 인생을 좌우한다.

그런 그를 여행의 종착지인 포카라에서 우연히 만났다. SNS로만 보던 사람이 눈앞에 있으니 설레고 연예인 보는 기분이었다. 시작에 큰 영향을 준 그를 끝에서 만난다니 왠지 행복한 결말을 맞이하는 기분이

동하 씨와 게스트 하우스에서

었다. 이야기를 많이 나누고 싶었지만 동하 씨 컨디션이 좋지 않았고
그렇게 그는 내일 떠날 예정이었다.

그냥 이대로 가면 후회할 거 같았다.

이번 여행이 깨우쳐 준 하나는 바로 '사랑할 수 있을 때 사랑하라'였
다. 내 능력 조건 여하를 막론하고 내가 할 수 있는 지금 해야 후회가
없다.

동하 씨가 떠나기 전날 밤, 숙소 사장님께 동하 씨의 떠나는 시간을

215

안나푸르나 캠프에서 만난
동하 씨 책

물었고 그 시간에 알람을 맞춰 부랴부랴 일어났다. 그리고 어젯밤 드릴까 말까 고민하며 썼던 순례길 사진과 꾸역꾸역 쓴 짧은 메시지를 드렸다.

내가 할 수 있는 최선이어서 찝찝한 마음의 한구석이 편해졌다. 물론 아쉽기도 했지만 후회는 없었다. 횡단열차부터 지금 포카라까지 느끼는 건 절심함과 용기이다. 나도 누군가에게 선한 영향력을 미치는 사람이 되고 싶다. 언젠가는 누군가가 나로 인해 도전하고 고마워할 그날을 상상해본다.

여행 중이어서 동하 씨가 4,000킬로미터 유럽을 횡단하고 출간한 《더는 걸어갈 땅이 없었다》라는 책을 읽지 못했었다. 하지만 ABC 베이스캠프에 동하 씨가 책을 놓고 왔다는 말을 들었고 5개 로지를 샅샅이 뒤져 책을 찾았다. 한국에 가서도 한 권 살 거였지만 안나푸르나 정상에서 읽는 이 책은 참 맛있었다.

"맛있다라는 말은 사람을 미소 짓게 하니까"라는 책의 말처럼, 내가 요리를 하는 이유이기도 했다. 책을 읽다 보니 동하 씨는 조리 고등학교에 진학하려고 했단다. 잘못하면 내 선배가 될 수도 있었다.

"인생은 진짜 모르는 거다. 순간의 선택이 평생을 좌우할지도, 누군가의 글이 누군가의 인생을 좌우할지도."

항상 누군가의 꿈을 좇아 동경하며 도전하던 내가
오늘은 누군가에 꿈이 될 수 있음에 정말 감사하다.

Dessert

4

도전이
끝난 뒤의
나는

두 번째
여행이 끝난 후
1년간의 삶

네 번째
이야기

사람들은 왜 사서 고생을 할까?

"'너는 왜 그렇게 사서 고생하냐?' 정민음 청년의 여행기를 보고 많은 분들이 묻고 싶은 질문이 이것일 거 같아요. … 사서 고생하려고 하는 것 그게 인간인 것 같아요. 동물은 달면 삼키고 쓰면 뱉지만 인간은 그것을 깊은 맛으로 바꾸는 특성을 가지고 있어요. 정민음 청년도 꿈을 향한 이 과정을 가벼이 삼키지 않고 깊은 맛으로 바꿀 수 있는 그런 요리사가 될 거예요. … 그래서 마지막으로 드리고 싶은 말씀은 이 거예요. 삶이 익숙해지고 굳어지는 것에 대해 저항할 수 있는 사람이 됩시다."

– EBS 〈생각하는 콘서트〉 중 문요한 정신과 의사님이 내게 해주신 말

힘들어서 도움이 됐던 소중한 여행

사서 고생하는 거, 그게 바로 인간 같아요

강연

54

여행 후에 나는

"그래서 넌 여행을 두 번이나 해서 얻은 게 뭐야?"

장기 여행을 해본 사람이라면 누구나 들어봤을 나 또한 가장 많이 받았던 질문이다.

"음… 강렬한 햇살과 자외선 덕에 검게 그을리고 상한 피부? 굳이 바뀐 거라면 0이 되어버린 통장 잔고와 남들보다 1~2년 뒤처진 시간 정도?"

생각보다 현실적인 대답이 나왔다. 2년 먼저 취업 전선에 뛰어든 친구이자 경쟁자들 반면 이제야 시작하는 나, 솔직히 불안한 마음이 컸다. 즉, 득보다는 실이 많아 보이는 게 '여행의 현실'이었다.

부럽고 멋있다는 말이 나를 잠시 위로하지만 사람들의 관심은 찰나일 뿐 현실은 득달같이 달려왔다. 기나긴 여행은 마치 한여름 밤의 꿈처럼 돌아온 지 반나절도 채 지나지 않아 사그라져 갔다.

겉으로 보이지 않지만 두 번의 여행이 내게 준 확실한 변화는 여행

인천국제공항

하기 전보다 조금 더 '용기 있는 사람'이 되었다는 것, 나 같은 사람도 꿈꾸고 이룰 수 있다는 '자신감'이 생겼다는 것, 나도 모르게 과거 이상의 것에 도전하고 '그 자리에 맞는 사람'이 되어가고 있다는 것.

"자기만족일 수 있지만 200명이 넘는 친구들에게 내 요리로 행복한 미소를 선물 했고 어린 시절 작은 꿈을 마침내 이뤄냈다는 사실"

55

그냥 울고 싶다

'첫 여행은 내게 많은 변화를 가져다줬고, 이번은 두 번째니까 분명
그 이상의 변화가 있을 거야!'

여행 후 얼마 지나지 않아 운 좋게 강연을 하게 됐고, 마침내 내게도
장밋빛 인생이 찾아오는 줄 알았다. 하지만 달콤함도 잠시 끝없는 내리
막과 현실이 나를 기다리고 있었다.

새로운 인생이 열릴 거라는 믿음으로 나는 인턴, 장학생, 공모전, 대
회 활동 등 눈에 보이면 닥치는 대로 도전했다.

'자칭 타칭 나는 나름 괜찮은 사람이 되었고 이전보다 할 이야기도
더 많아졌으니까 분명히 해낼 수 있을 거야! 꿈꾸던 세계여행도 해냈고
강연도 했잖아?'

세상 두려울 게 없었고 자신감이 충만했다.

그런데 급속도로 부풀어왔던 자신감은 얼마 가지 않아 푹 꺼져버
렸다.

'나는 자세히 보면 정말 괜찮은 사람인데 주변 사람들이 인정하잖아? 서류만 붙여주면 잘할 수 있는데! 내가 봐도 그럴듯한데 왜 몰라주는 거지? 왜?'

세상은 여전히 내게 큰 관심이 없었다. 겉모습 외에 내면의 깊은 곳까지 들여다봐주길 바라는 건 욕심이었다. 두 번의 여행 후 나는 너무 큰 자의식의 굴레에 빠져 있었다. 실력은 없으면서 열정으로 다 되는 줄 알았다. 여행이라는 수식어를 빼면 정말 빈껍데기의 모습이었다. 때론 여행이 무모한 자신감을 심어준다.

귀국 후 2018년 2월까지 귀국 후 5개월간의 모든 도전이 실패로 끝났다.

'그래 내 여행은 끝났고 여기는 한국이고, 이게 나의 어쩔 수 없는 현실인가 봐. 자신감만으로는 세상을 바꿀 수 없고, 첫 번째가 잘됐다고 두 번째도 잘되리라는 법은 없어.'

어느 순간 여행하기 전보다 미래가 더 막막해졌다. 여행을 괜히 한 거 같다는 생각이 들었다. "부러워, 멋있어!"라는 주변의 기대가 더 큰 중압감으로 다가와 나를 짓눌렀다.

'나는 이제 어떻게 해야 할까? 그냥 도망가고 싶다. 사람들이 멋있다는 게 여행이었으니까 그냥 또 다시 여행을 갈까? 세 번째니까 제대로 준비하면 이번에는 대박을 터트리지 않을까?

"아 너무 힘들어. 그냥 울고 싶다."

56

누군가의 꿈을 좇고,
누군가의 꿈이 되는 것

"하나님 저의 때는 도대체 언제인가요? 언제까지 헤매기만 해야 하나요?"

동이 트기 전 새벽하늘을 향한 나의 울부짖음이었다. 분명 자기만의 때가 있다지만 기약 없는 기다림은 희망을 절망으로 바꾼다. 내 기억 속에 소중한 추억만으로도 충분히 의미 있는 여행이라지만 바뀌지 않는 현실은 그 모든 시간을 무의미하게 만든다.

벼랑 끝에 몰렸다. 카운터 어택 한 방 맞으면 다시는 일어나지 못할 절박한 마음이었다.

"정민음 님, 서류 추가 합격되셨는데 면접 보러 오실 수 있으신가요?"

벼랑 끝에서 거짓말 같은 기회가 찾아왔다. 여행 후 첫 합격, 그것도 추가 합격이었다. 월 100만 원씩 지원받으며 버킷 리스트를 이뤄나가는 라이프플러스 앰배서더라는 활동이었다. 여행 후 침체돼 있던 나에

위 _ 하나고 강연
아래 _ 최우수 앰배서더

게 동기 부여와 책임감을 부여해줄 최적의 활동이라 생각했다. 이번 기회가 얼마나 소중한 기회인지를 누구보다 잘 알기에 사흘간 밤낮을 지새우며 면접을 준비했다. 결국 나는 250 : 1의 경쟁률을 뚫고 최종 합격했다.

어렵게 붙잡은 기획이기에 나는 열정을 다해 5개월간 활동했다. 트래블리더 활동을 할 때의 초심처럼 서른 명의 대표인 기장을 자처했다. 그리고 그 책임감을 안고 조금은 과분한 버킷 리스트를 세웠다. 지금의 나에게 과분할지라도 5개월 뒤에는 반드시 그 자리에 맞는 사람이 되겠다고 다짐했다.

지인, 외국인 친구 그리고 소외된 계층에게 나의 요리 재능을 기부하는 '민식당', 아는 만큼 만들 수 있다는 초심으로 시작한 맛집 분석 '민슐랭', 내가 받았던 감사함을 되돌려주는 '선한 영향력 프로젝트', 그리고 이 모든 이야기를 담은 책을 출간하기까지, 상상하던 프로젝트를 현실에 옮기기 시작했다.

드라마같이 찾아온 기회를 혼신의 힘을 다해 붙잡았더니 그때부터 연쇄적인 기회가 발생했다. 나의 여행 이야기가 '여행에 미치다'라는 페이지에 소개됐고 그 후 라디오, 방송, 강연 등의 제안이 들어오기 시작했다. 언젠가는 이루어지겠지 하고 꿈꿨지만 말 그대로 꿈이었다. 정말 나는 평범 아니 그 이하였으니까.

내 여행이 부각되어서가 아니라 어떤 기회든 간절한 만큼, 내가 움직인 만큼 결국 결과로 나타나기 시작했다. 열정만으로 되지 않는 사회이기에 어떻게든 결과로 만들어내고 증명해야 했고 나는 조금씩 증명해내고 있었다.

지금 쓰고 있는 책을 출간하기까지 5개월 전에는 불가능해보였던 목표들은 내가 실행에 옮길 때 현실이 되었고, 추가 합격으로 문을 닫고 들어가서 최우수 활동자로 마무리할 수 있게 됐다.

사실 도박일 수 있다. 아무리 노력해도 모두가 잘될 수만은 없는 게 현실이고 모두가 될 수 없기에 그 소수가 빛나는 것이다. 하지만 당장 보이지 않을 뿐 발악한 만큼 세상은 서서히 움직인다. 그리고 누군가는 마침내 나의 진심을 알아준다. 나도 모르게 나의 진심은 증폭된다.

"마치 나비효과처럼."

두 번이나 여행과 현실 사이를 저울질 해보니 한 가지 깨달은 게 있다. 여행지 인연도 한국에 돌아와 가능한 빨리 만나야 지속되듯이 여행 동안 꿈꿔왔던 일들도 최대한 빨리 나의 감정이 무뎌지지 않은 그 순간 시작해야 한다. 그리고 기회가 왔을 때 혼신의 힘을 다해 붙잡아야 한다.

사람들이 그런 나에게 말한다.

"왜 그렇게 열심히 사냐고, 그러면 안 피곤하냐고?"

물론 피곤하다. 육체적 그리고 정신적으로 더해지는 피로는 감당하기 힘든 충동도 일으킨다. 하지만 절대 하루아침에 바뀌는 건 없으니까 채찍은 반드시 필요하다. 분명한 게 있다면 라이프플러스 앰배서더가 된 것도 위에 이룬 모든 것들도 결코 우연은 아니라는 것이다. 수년의 과정이 있었다. 그리고 아직도 미래를 위한 수년의 과정이 남았다.

'멋있다, 부럽다'라는 소리를 듣기가 얼마나 어려운 것인지 경험해 본 사람은 알 것이다. 1초의 부럽다를 위해 남들이 모르는 1년 혹은 수년의 세월이 고난 속에 소모된다. 드라마 같고, 영화 같은 순간들 그리고 앞으로 펼쳐질 나의 미래, 우연은 없다. 0.00001퍼센트로의 가능성이라도 로또를 사야 당첨도 있다.

자신의 삶을 돌아보는 일, 내가 좋아하고 잘하는 것을 찾아보는 일 그리고 그것을 위해 무언가를 계획하고 실행하며 결국 이뤄내는 것 이것이 라이프플러스 활동을 하면서 받은 지원금 500만 원보다 더 가치 있는 의미였다.

"'누군가의 꿈을 좇고, 누군가의 꿈이 되는 것', 항상 누군가의 꿈을 좇아 동경하며 도전하던 내가 오늘은 누군가에 꿈이 될 수 있음에 정말 감사하다"

누군가의 꿈이 되는 것

여행 후의 성패는 이것에 달렸다

때론 대수롭지 않은 일이 나를 강하게 자극한다.

"믿음아, 라거 맥주와 에일 맥주의 차이가 뭐야?"

"넌 조리과고 맥주 좋아하니까 잘 알지?"

1분간 정적이 흘렀고 나의 얼굴은 빨갛게 달아올랐다. 분명 배운 거 같긴 한데… 깊게 생각해본 적이 없었다. 시간이 지나면 나도 자연스레 요리에 박식한 사람이 될 줄 알았는데. 요리를 공부한 지 6년이 지난 지금도 좋아하는 것에조차 무지하다니, 이런 내 모습이 정말 부끄러웠다. 스물 넷, 수제 맥줏집에서 느낀 최고의 박탈감이었다.

그날 이후 나는 매일 밤 편의점에 들러 맥주 한 캔씩을 구매했다. 국산 맥주에서부터 수입 맥주에 이르기까지 각 맥주의 특성과 종류를 분석하고 블로그에 기록했다.

'전부는 아니더라도 내가 좋아하는 분야만큼은 공부해보자.'

그렇게 맥주에 관한 지식을 쌓아갔고 수제 맥줏집에서 말문이 막히

수제 맥주 사진

는 일도 더 이상 일어나지 않았다.

목표했던 결핍은 해결했지만 시판 맥주를 거의 다 먹어보고 나니 수제 맥주가 궁금해졌다. 나도 맥주라는 걸 직접 만들어보고 싶은 욕심이 생겼다. 하지만 맥주 한 캔 사는 것도 부담스러웠던 가난한 대학생에게 값비싼 수제 맥주 키트를 사는 것은 불가능했다. 포기하려던 찰나 창업 특강에서 한 강사분이 해주셨던 말씀이 생각났다.

"간절하다면 발가락이라도 꿈틀거려 보세요. 관심 있는 회사 홈페이지에 들어가서 적혀 있는 이메일에 진심을 담은 메시지를 보내보세요. 혹시 모르잖아요! 당신에게 관심을 가져줄지도."

'아차!'하는 생각이 들자마자 그간 블로그에 기록해 온 맥주 시음 일기를 정리했다. 그리고 정리된 시음 일기와 간절한 마음을 담은 제안서를 수제 맥주 회사 이메일로 보냈다. 영향력 1도 없는 초짜 블로거였지만 두 달 후 기적처럼 연락이 왔다. 믿음 학생의 열정을 보고 수제 맥

집에서 맥주 만들기

주 키트를 무상으로 제공해주겠다는 답신이었다.

그날 느꼈던 박탈감이 나를 성장하게 하고 있었다. 아니 박탈감을 느낀 순간 뭐라도 해보겠다고 시작한 나의 행동이 나를 변화시켰다.

여행도 같은 부류라 생각한다. 대부분의 사람이 말하는 것처럼 여행은 분명 식견을 넓혀주고 할 수 있다는 자신감을 심어준다. 하지만 여행을 포함한 모든 분야의 것들은 경험만으로 증명할 수 없다. 경험만으로는 눈에 띄는 변화가 나타나지 않는다. 상상과 계획을 실전으로 가져오고 의지 있게 실행할 때 결과로 나타나고 결국 내 것이 된다.

내가 맥주 한 캔을 구매한 것처럼 변화를 위해서는 사소한 행동이라

도 실행에 옮겨야 한다. 당장 눈에 보이지 않더라도 분명 변화가 찾아
오고 떠도는 경험의 산물들은 보이는 무언가로 나타나기 시작한다. 적
어도 나에게는 그랬다.

"여행 후의 성패는 얼마나 간절하게 꿈틀거리느냐에 달렸다."

 맥주에 관하여

당신의 그 미소가 좋아서

58

결단을 내려야 할 때

"저도 평범한 학생이었고 직장인이었어요. 저 같은 사람도 했는데 여러분이라고 못할 게 뭐예요? 일단 시작해보세요!"

어느 순간 이런 뻔한 말들이 상당히 이질적이라고 생각하게 됐다. 지금 누군가 이 글을 읽고 있다면 나는 책을 출간한 저자이자 강연자다. 즉, 여행 후 잘 풀린 케이스라 할 수 있지 않은가? 잘된 혹은 잘됐던 소수의 입장에서 무조건적 희망을 강요하는 건 조금 이기적일 수 있다.

그래서 어느 분야든 크기에 관계없이 존중과 이해가 필요하다. 헛되지 않은 도전은 없다. 남들이 정답이라 말하는 것보다는 진짜 자신의 것을 잊지 않고 꾸준해야 한다. 다만 사회적으로 노출이 많은 우리나라의 현실상 어쩔 수 없는 부분이 있을 뿐이다.

대외 활동, 대회, 공모전 그리고 이번 여행까지 생각해보니 내 도전의 대부분은 노출이 되는 활동이었다. 그렇기 때문에 잘됐을 때 더욱

아래 _ **러미남 청년 강연**

주목을 받았고 뭐라도 된 것처럼 자신감에 찼다. 비춰지진 않지만 자신의 미래를 위해 지금도 공부하는 고시생, 일하는 직장인이 많다. 드러내지 않고 묵묵히 자신의 내실을 쌓아가는 일 그들이 나보다 훨씬 대단하다고 생각한다.

결국 실력이 있어야 한다. 보이지 않는 인고의 시간이 필요하다. 관심을 받기 시작하고 몇몇 여행 업체와 소속사에서 연락이 왔었다. 크리에이터 해볼 생각 없냐고, 여행 나갈 계획 없냐고? 당장에는 정말 좋은 기회일 수 있지만 거절했다. 한국에 돌아와 현실에 부딪히다 보니 나만의 스토리와 열정으로는 분명 한계가 있었다. 알맹이가 없는 허세는 그 끝이 보였다. 이 의견도 사람마다 다르겠지만 적어도 내게는 그랬다.

여행을 하지 않겠다는 게 아니라 부끄럽지 않은 사람이 되고 싶다는 것이다. 열정만 봐주길 바라는 게 아니라 자격을 갖춘 사람이 되고 싶다.

"그래서 결단을 내렸다. 단단한 사람이 되자."

59

조연이 되기로 했다

땀의 어원은 '따다'에서 왔다는 말이 있다. 무언가를 성취하기 위해서는 고된 노력, 즉 '땀'이 필요하다는 얘기다. 열흘간 흘린 우리의 땀이 모여 누군가의 소중한 보금자리가 되었다.

여행이 끝나고 4개월 만에 다시 비행기에 올랐다. 예전에 봉사하던 단체와 기회가 닿아 건축 봉사 팀 리더로 태국에 가게 됐다. 리더로서의 명함은 언제나 버거웠지만 누군가에게는 동경의 대상이었다.

리더의 자격으로 다녀온 해외 봉사는 내게 또 다른 메시지를 줬다. 단원의 입장에서 바라본 리더는 일하지 않고 감독하는 권력자였는데, 리더가 되고 보니 권력보다 큰 책임이 따라왔다. 단원들의 스케줄 관리부터 건축 봉사, 문화 공연, 콘텐츠 제작 등 모든 프로그램에는 밤샘 기획과 단원보다 먼저 뛰는 수고가 필요했다.

하지만 모든 자리에 주인공이 되는 것은 단원이었다. 단원들은 우리들을 통해 사진과 글로 기록되고 박수 받았지만, 리더는 그 자리에 사진이나 이름조차 남지 않았다. 꿈꿨던 여행의 대장정이 끝나고 현실로 돌아왔을 때처럼 공허하고 허무한 느낌이었다. 상상과 달랐던 책임의 무게와 현실에 괴리감이 있었지만 열흘간의 봉사를 성공적으로 마치고 한국에 돌아온 나는 한 가지를 깨달았다.

"모든 곳에서 주인공일 필요는 없다. 든든한 조연이 있기에 빛나는 주연도 있다."

누구나 주인공이 되고 싶어 하는 심리를 가지고 있다. 내 수고가 곧 바로 결과로 나타나지 않으면 불안해지고 조급해진다. 내 노력을 당연 하게 생각하는 사람이라도 생기면 답답하고 울화통이 터진다. 하지만 한낱 조력자에 불과할지라도 다 각자의 역할이 있다. 모두가 겉으로 드 러나는 주인공 역할만 하려 한다면 결국 제 기능을 하지 못할 것이다. 때문에 각자의 자리를 묵묵히 지키는 것은 주인공의 자리보다 더 대단 하다.

한때 나는 단체 모임이 있으면 리더를 자청했다. 워낙 소심하고 내 향적인 성격이었기에 억지로라도 내게 쥐어주는 감투이자 족쇄였다. 2 년간 단체의 리더를 하며 분명 많은 변화와 성과가 있었고 남들에게 더 많은 관심도 받을 수 있었다.

하지만 그 역할은 내게 큰 부담과 책임을 줬고 힘에 부쳐 몇 개월간 우울증을 앓았다. 가슴이 답답하고 불안해 감당하기 힘들었다. 소심한 성격을 깨부수기 위한 첫 목적과는 달리 감투의 맛에 취해 결과만 생

각하며 나를 혹사시키고 있었다. 봉사 활동 리더와는 또 다른 리더만의
맹점이었다.

여행을 통해 수많은 땀을 흘렸다. 결승 테이프를 끊고 한국에 돌아
왔을 당시 주변의 환호는 어느새 사그라들었다. 하지만 땀은 진짜 내
모습을 발견할 수 있는 결과로 이어졌다.

'누군가를 빛내줄 수 있는 사람'같이, 당장 멋있어 보이는 주인공의
자리보다는 나의 자리에서 묵묵하고 꾸준히 제 역할을 하려고 한다.

보이지 않는 조연의 순간들이 모여 빛나는 주인공의 시간을 만든다.
여행이 돈과 시간만 날려버린 허무한 순간 같을지라도 미래의 나를 다
질 조연의 순간이라고 믿는다.

봉사

당신의 그 미소가 좋아서

60

영어를 잘하고 싶다

여행 후 꾸준히 해오고 있는 것이 하나 있다. 해외에 갔다 온 사람이라면 누구나 욕심내봤을 영어 회화다. 6개월간 매일 새벽 5시에 일어나 강남으로 향했다. 자유롭게 영어로 대화할 수는 그날을 상상하고 또 상상하며.

"Learning something is not easy."

학원에서 마크 선생님이 해주신 말이다. 사실 당연하고 뻔한 말일수도 있는데, 우리는 잘 알고 있으면서도 그것을 유념하며 실천하기는 쉽지 않다. 기본도 지키지 못하면서 무작정 지름길을 찾고 결과만을 바라는 아이러니한 상황이 안타깝게도 매년 반복되고 있다.

무언가를 배운다는 것은 쉽지 않다. 즉, 내 능력 이상의 무언가를 성취하기 위해서는 어려움이 따르고 반드시 그 상황을 마주해야 한다는 것이다. 하지만 대부분의 사람들은 갖은 핑계로 한 발 물러선다. 직장일이 힘들면 '이 일은 내 적성에 맞지 않나 봐', 공부가 힘들면 '이 학원

회화 학원에서 연말에 영어 연극하는 모습

은 나한테 맞지 않나 봐' 등의 핑계로 쉽게 포기, 아니 좋은 말로 잠깐 미뤄둔다.

단지 하루를 미뤘다 생각했었는데, 나는 그렇게 12년째 영어를 공부하고 있다. 12년 전 펼쳤던 똑같은 페이지를 펼친 채로. 시간은 어떠한 상황을 해결해주지 않고 절대 기다려주지도 않는다. 변화를 원한다는 간절함이 있다면 지금의 나부터 바꿔야 한다. 여행이 가르쳐준 것처럼.

나는 단체 활동을 할 때면 리더를 자청한다. 사교성이 좋거나 리더십이 뛰어나서가 아니다. 사교성도 없고 리더십도 없기에 자청한다. 리더라는 감투를 씌우지 않는다면 나는 전처럼 아무에게 말도 못 걸고 그저 그런 무던한 한 사람이 됐을 거다. 나는 용기를 냈고 서서히 변화되고 있었다.

"변화를 위한 통증은 당연한 것이다."

영어를 잘하고 싶다. 이제는 대략적인 줄거리 말고 결말이 궁금해졌다. 분명 쉽지 않고 많은 어려움이 있겠지만 더 회피하지 않고 꾸준히 한 페이지 한 페이지 넘기려 한다.

2019년은 아마 그 페이지 속에 들어가 있지 않을까?

61

나의 분신

'앞치마는 내 여행의 상징이자 분신이다.'

여행을 해봤다면 누구나 한 번쯤 고민해봤을 '나만의 기념품 수집' 은 소중했던 지난 시간과 추억을 조금 더 의미 있게 담아낼 수 있는 매 개체다. 여행이 끝난 후 기념품을 꺼내보면 괜스레 미소 짓게 되고 추 억에 잠기게 하는 존재가 되기도 한다. 나에게도 여행의 상징이자 분신 같은 기념품이 있다. 이거 하나면 하루 종일 울고 웃으며 떠들 수 있는 추억 가득한 나만의 기념품, 바로 앞치마다.

칼, 조리복, 조리모 등 요리사를 상징하는 것은 다양하다. 하지만 여 행이다 보니 무겁지 않고 언제 어디서 착용해도 위화감이 없어야 했다. 그리고 국가별 메시지를 담을 만한 넉넉한 크기가 필요했다. 그러다 떠 오른 것이 바로 앞치마였다. 넉넉한 크기에 손쉽게 착용이 가능하고 내 캐릭터를 보여주는 상징성이 분명했다. 그렇게 앞치마를 둘러매고 세 계를 방랑했다.

위 _ 앞치마 착용 프로필 사진
아래 _ 앞치마 전시

앞치마 상단에는 한글과 영어로 내 이름이 적혀 있는 명찰, 조국을 상징하는 태극기 그리고 방문했던 국가의 배지들이 있다. 배지를 모으는 것은 여행자의 상징성을 담아내기에 적합했다. 가슴축이 무거워지면 무거워질수록 왠지 모를 뿌듯함도 가득 찼다.

하단에는 마흔 명의 후원자 이름이 적혀 있다. 여행을 시작하기 전부터 응원해주고 행복한 미소를 선물하는 데 일등 공신이 되어줬던 감사한 분들이었다. 금전적인 부분뿐 아니라 흔들리는 여행에 있어 확실한 책임감을 심어줬다.

뒷면에는 내 요리를 먹었던 친구들의 메시지가 각자의 언어로 적혀 있다. 그 순간의 감정을 담아낸 이야기여서 더 의미가 있다. 하얗기만 했던 뒷면이 검게 빼곡히 채워진 지금 내 마음도 따뜻하지 못해 뜨거워진다.

요리하는 사람의 상징성부터 기념품 수집, 그리고 만났던 친구들의 진심이 담긴 메시지까지 담아냈다. 그래서 내 여행의 전부이자 분신이라고 표현한다.

일상으로 돌아와 마음이 적적해질 때면 이 앞치마를 꺼내 둘러맨다. 그리고 그때 감정을 기억하려고 노력한다. 그들과 함께했던 스물아홉 개 나라의 복합적인 냄새가 이 앞치마에 고스란히 남아 있다. 혹여나 사라질까 이 앞치마를 빨지 못하고 있다.

이 앞치마를 매고 세계를 돌아다니며 받은 가장 큰 선물은 나도 사랑받을 수 있는 사람임을 깨닫게 해준 것이었다.

"번거로울 수 있지만 나만의 추억을 담을 무언가를 만들어보자. 불현듯 꺼내본 졸업 앨범처럼 피식거리며 당신도 모르게 추억에 빠져 미소 짓고 있을지 모르니까."

나의 분신

민식당 잠정 휴업합니다

"야 정민음, 이 새끼야, 이걸 손님이 먹으라고?"

주방장님한테 호되게 욕을 먹은 후, 나는 그날 주방에서 쫓겨났다. 한동안 요리에는 손도 대지 못했다. 내가 돌아온 후에도 못 미더웠는지 사사건건 간섭이었다. 솔직히 그때는 지나치게 예민한 주방장님이 짜증 나고 싫었다.

손님맞이로 코스 요리를 준비하던 도중 타는 냄새가 났다. 수프를 제때 저어주지 않아 바닥에 눌어붙은 것이다. 수프 전체에 탄 향이 배긴 했지만 강하지 않았고 얼핏 느끼면 일부러 스모키한 향을 첨가한 거 같았다. 먹을 만했다. 주방장님한테 혼나는 건 고사하고 20인분이 넘는 양을 버리기에는 너무 아까웠다. 더군다나 가장 중요한 건 다시 만들 시간이 없었다.

"그래, 손님들도 일부러 그런지 알 거야! 이게 탄 맛인지 모를 거야."

주방장님은 수프가 나가기 전 탄 것을 눈치챘고 수프를 통째로 음식물 쓰레기통에 부었다.

'아니, 당장 나가야 되는데… 먹을 만한데… 큰 신경 안 쓸 텐데!'

주방장님은 갑자기 손님들이 있는 테이블로 갔고 손님들에게 수프의 상황을 솔직하게 설명했다. 그리고 연신 죄송하다며 고개를 숙였다.

그 사건이 한참 지난 뒤 주방장님이 나를 불러 말했다.

"믿음아, 내가 그때 너를 왜 그렇게 모질게 혼낸 줄 알아? 네가 만족할 수 없는 요리를 남이 만족하기 바란다는 건 욕심이자 위험한 행동이야! 네가 만족해도 고객이 좋아할 확률이 얼마나 낮은데! 고객의 입맛이 너보다 위에 있다는 걸 절대 잊지 마!"

주방장님의 진심 어린 말은 그때의 나를 부끄럽게 했다. 그리고 그때부터 그 말을 내 요리의 신념으로 삼았다.

우선 내가 만족하는 요리를 할 것. 그리고 더 나은 요리를 만들 수 있도록 노력을 게을리하지 않을 것!

책을 쓰는 지금 그때 그 요리 신념이 불현듯 떠올랐다. 이 책은 내가 만드는 메뉴고 손님은 지금 내 책을 읽는 독자다. 글을 쓰기 시작하고 나는 마음이 너무나 불안정했고 신념이 흔들렸다. 만족하는 글이 나오지 않았고 이런 내 수준과 현실에 몇 개월을 우울감과 스트레스 속에서 보냈다. 책을 쓰기로 한 것을 후회했고 포기를 수십 번 생각했다.

할머니와 함께

'글이 어찌 됐든 일단 내고 보자! 계약은 했잖아!'라며 무책임한 생각을 가졌다. 주변에서도 처음이니까 괜찮다며 내 의견을 은연중 동조했다. 나는 그때 그 멍청한 짓을 되풀이하고 있었다.

'독자들은 탄 맛을 못 느낄 수도 있을 거야!'라며 헛된 희망을 품은 채로.

수프를 다시 끓이려면 이미 끓여 놓은 아까운 수프도 버려야 하고 재료도 다시 사야 하며 손님께 나가 사과하며 양해도 구해야 한다. 그리고 오랜 시간에 걸쳐 처음부터 수프를 다시 만들어야 한다. 감수해야할 게 너무나 많다.

오늘, 나는 수프를 버렸다. 다시 끓이기로 결심했다.

잘못된 점을 인정하고 현재의 것을 과감히 버리며 새로 시작할 수 있는 용기를 냈다.

이 책을 읽는 독자들이 다시 끓인 내 글을 부디 맛있게 먹어주면 좋겠다.

그런데 이 책의 출간일이 다가올수록 증폭되는 걱정이 하나 있었다.

'책이 나오면 그래도 사인을 해줘야 하는데 나는 엄청난 악필이잖아…. 너무 걱정돼….'

손글씨 쓸 일이 많지 않은 현대 사회의 특성일 수도 있지만 나에게는 정말 큰 콤플렉스였다. 아무리 공들여서 써도 대충 흘겨 쓴 사람보다 성의가 없어 보이는 글씨였고, 그렇게 성의 없는 사람으로 판단되는 게 싫었다. 그래서 손글씨 쓸 일이 있으면 남에게 미뤘고 여전히 나는 손글씨를 콤플렉스로 안고 있다.

"오늘 광어 한 마리 들어왔는데 잡아볼 사람?"

대학교에서 요리 실습을 할 때도 그랬다. 조리 고등학교 출신이지만 나는 아직 생선 잡는 기술이 미숙했다. 그래서 남들한테 그런 실력이 탄로 나고 쪽팔림 당하는 게 싫어서 나서지 않았다. 그리고 여전히 나는 생선 잡기에 미숙하다.

인정하기가 싫었다. 언젠가는 괜찮아질 줄만 알았다. 괜찮아질 때 보여주고 싶었다. 좋은 학교에 들어가면 나도 언젠가 그 선배들처럼 당연히 될 줄 알았다.

하지만 여행은 그런 내게 알려줬다. '나를 내려놓고 인정하는 법', 그래야 비로소 변화가 시작되고 그렇지 않으면 나는 여전히 그 시간 속에 갇혀 그것을 평생 숙제로 안고 있을 것을.

여행을 포함한 모든 것의 시작은 불완전함이다.

그것을 인정하고 꾸준히 나아갈 때 성공까진 아니더라도 그 꿈에 가까워져 있는 자신을 발견할 수 있을 것이다. 그래서 나는 오늘부터 글씨 쓰기 연습을 시작했다. 조금이라도 나아진 글씨로 사인해주기 위해, 사소하지만 이것 또한 변화의 시작이라 믿는다. 부끄러워도 이런 나를 인정하고 보여주며 해봐야 이 콤플렉스는 결국 사라질 테니까.

이 책이 세상에 나오고 또 하나의 도전이 끝나는 순간, 나는 어디서 어떤 새로운 도전을 도모하며 방황하고 있을까?

"자, 사인해드릴게요."

"
오늘은 누군가를 향해
행복한 미소를 지어주세요.
혹시 그 사람의 인생이 바뀔지도…
"